Fraunhofer IWES. Institut dezentrale Energietechnologien IdE. Stadtwerke Union Nordhessen SUN

Energiewende Nordhessen. Technische und ökonomische Verknüpfung des regionalen Strom- und Wärmemarktes

GRIN Verlag

Bibliografische Information der Deutschen Nationalbibliothek:

Die Deutsche Bibliothek verzeichnet diese Publikation in der Deutschen Nationalbibliografie; detaillierte bibliografische Daten sind im Internet über http://dnb.d-nb.de/ abrufbar.

Impressum:

Druck und Bindung: Books on Demand GmbH, Norderstedt Germany
ISBN: 978-3-656-60508-9

Dieses Buch bei GRIN:

http://www.grin.com/de/e-book/269401/energiewende-nordhessen-technische-und-oekonomische-verknuepfung-des-regionalen

FRAUNHOFER-INSTITUT FÜR WINDENERGIE UND ENERGIESYSTEMTECHNIK, IWES
INSTITUT DEZENTRALE ENERGIETECHNOLOGIEN, IDE
STADTWERKE UNION NORDHESSEN, SUN

ENERGIEWENDE NORDHESSEN

ENERGIEWENDE NORDHESSEN

technische und ökonomische Verknüpfung des regionalen Strom- und Wärmemarktes

Katharina Henke
Patrick Hochloff
Kaspar Knorr
Florian Schlögl
Rainer Schwinn

Prof. Klaus Vajen
Simon Csambor
Janybek Orozaliev
Markus Rusack

Dr. Thorsten Ebert
Martin Rühl
Roland Heibert
Markus Jungermann
Karl-Heinz Schreyer
Sabine Wollny

Fraunhofer-Institut für Windenergie und Energiesystemtechnik, IWES
Institut dezentrale Energietechnologien, IdE
Stadtwerke Union Nordhessen, SUN

Kassel, Dezember 2013

Inhalt

1 Zusammenfassung

Die Stadtwerke Union Nordhessen (SUN), das Fraunhofer-Institut für Windenergie und Energiesystemtechnik (IWES) und das Institut dezentrale Energietechnologien (IdE) haben untersucht, wie die Transformation des Energieversorgungssystems in der SUN-Region (bestehend aus den drei eher ländlich geprägten Landkreisen Kassel, Schwalm-Eder und Werra-Meißner sowie der kreisfreien Stadt Kassel) gestaltet werden kann. In einer vorangegangenen Studie wurden bereits Möglichkeiten zur Umstellung der Stromversorgung hin zu dezentralen, erneuerbaren Erzeugungstechnologien analysiert. Zentrale Fragestellungen im aktuellen Projekt sind, wie auch die Wärme in Zukunft regenerativ bereitgestellt werden kann und welche Auswirkungen verschiedene Technologien zur Wärmeerzeugung auf den Wärme- und Strommarkt haben. Hierfür wurden aufbauend auf einer Bestandsanalyse die Potenziale zur regenerativen Wärmeerzeugung ermittelt und anschließend verschiedene Entwicklungsmöglichkeiten der regionalen Wärmeerzeugung untersucht.

Für die *Bestandsanalyse* des Wärmemarktes in der SUN-Region wurde aufbauend auf kreisscharfen Daten zu Wärmeerzeugern die erzeugte Jahresmenge ermittelt und diese mit skalierten Daten von Bundes- und Landesstatistiken verglichen. In der Region besteht ein Wärmebedarf von rund 7.000 GWh im Jahr 2011, ohne die Einbeziehung industrieller Prozesswärme. Der Anteil von Erneuerbaren Energien (EE) an der Wärmeversorgung beträgt ca. 10 %, wovon Biomasse mit rund 9,2 % den größten Beitrag liefert.

Für die Ermittlung der *Potenziale* zur regenerativen Wärmeerzeugung wurde zunächst die mögliche Effizienzsteigerung bestimmt. Grundlage hierfür bilden die Annahmen in der BMU Leitstudie 2011 (Nitsch, J. et al. 2012), nach denen bis 2050 eine Absenkung des Endenergieverbrauchs für die Wärmeerzeugung um ca. 50 % bezogen auf 2011 realisierbar ist. Insbesondere in der Raumwärmebereitstellung liegen durch Maßnahmen wie der energetischen Sanierung im Bestand oder dem Einsatz von Fern- und Nahwärme aus Kraft-Wärme-Kopplung und Wärmepumpen erhebliche Effizienz- und Einsparungspotenziale. Zudem wurde die potenzielle Wärmeerzeugung aus Solarthermie, Bioenergie und EE-Überschussstrom ermittelt. Letzterer ergibt sich aus dem EEmax-Szenario der Strommarkt-Studie (Henke, K. et al. 2012), in dem alle potenziellen Flächen zur EE-Stromerzeugung genutzt werden, abzüglich des Strombedarfs. Für die SUN-Region ergibt sich demnach ein jährliches Wärmerzeugungspotenzial von ca. 120 % - ohne Berücksichtigung des industriellen Prozesswärmebedarfs.

Um zukünftige Entwicklungsmöglichkeiten der regionalen Wärmeversorgung aufzuzeigen, wurden drei *Szenarien* mit unterschiedlichen Annahmen zum EE-Ausbau definiert:

- Business as usual
  - Aktuelle Markttrends, technologische Entwicklungen und Modernisierungsraten für Heizsysteme werden für die zukünftige Entwicklung fortgeschrieben.
  - 3 % p. a. Modernisierungsrate der Wärmeerzeuger.
  - Wärmebedarf sinkt um 21 %.
- Beschleunigter EE-Ausbau
  - Beschleunigte Modernisierung der Heiztechnologien (5 % p. a.).
  - Anteil regenerativer Energieträger an Neuinstallationen im Vergleich zum Business-as-usual-Szenario wird verdoppelt.
  - Wärmebedarf sinkt um 21 %.
- Maximaler Ausbau von Wärmepumpen (WPmax)
  - Deckung des Wärmebedarfs ausschließlich über Wärmepumpen unter der Annahme, dass zu einem unbestimmten Zeitpunkt der gesamte Gebäudebestand wärmegedämmt ist (Wärmebedarf sinkt um ca. 50 %).

- Kopplung mit Stromerzeugung aus EEmax-Szenario aus der Teilstudie Strommarkt (alle Potenziale zur Stromerzeugung aus EE werden genutzt).

Die drei Szenarien wurden anschließend hinsichtlich ihrer EE-Anteile an der Wärmeversorgung und Auswirkungen auf den Strom- und Wärmemarkt analysiert und verglichen.

Im Business-as-usual-Szenario im Szenarienjahr 2025 wird lediglich ein EE-Anteil von ca. 17 % erreicht. Bei beschleunigtem EE-Ausbau kann der EE-Anteil auf ca. 28 % erhöht werden. Die Rückwirkung auf den Stromsektor wird im WPmax-Szenario aufbauend auf einer Zeitreihenanalyse untersucht. Hierzu wird eine wetterabhängige Zeitreihe generiert, die beschreibt, welche elektrische Leistung zu welcher Zeit für den Betrieb der Wärmepumpen und damit zur Wärmelastdeckung benötigt wird. Dieser Datensatz wird der Zeitreihe des Stromüberschusses aus dem EEmax-Szenario der Strommarkt-Studie gegenübergestellt.

Die Analyse ergibt, dass sich die Wärmeversorgung in diesem Szenario in die Bestandteile Umweltwärme (63 %), regenerativ erzeugter (14 %) und konventionell erzeugter Strom (23 %) aufteilt. Somit stammt zwar etwa 77 % der Energie, die über Wärmepumpen erzeugt wird, aus regenerativen Quellen (Umweltwärme + EE-Strom), der verbleibende Anteil muss über regelbare, konventionelle Kraftwerke gedeckt werden.

Zusätzlich ergibt sich eine deutlich höhere Spitzenlast, da die Gebäude auch an sonnen- und windarmen, sehr kalten Tagen im Winter beheizt werden, so dass sich die maximale Stromlücke in der SUN-Region auf ca. 1000 MW_{el} verdoppelt. Umgekehrt besteht an sonnen- und windreichen, etwas wärmeren Tagen nicht notwendigerweise Heizbedarf. Die maximalen Stromüberschüsse durch fluktuierende Energien verringern sich nach der Simulation um ca. 6 %.

Zusammenfassend kann festgestellt werden, dass der Wärmebedarf (bilanziell bis zu 120 %) in Nordhessen aus dezentralen erneuerbaren Energien gedeckt werden kann (ohne industrielle Prozesswärme), wobei ein zentraler Baustein die Energieeinsparung ist. Bei einer Fortschreibung der aktuellen Heizungsaustauschraten und der dabei bevorzugten Technologien wird eine zügige Transformation zu einer überwiegend erneuerbaren Energieversorgung nicht gelingen, da sowohl im Business-as-usual-Szenario als auch bei einer Verdopplung der aktuellen Heizungsaustauschraten die SUN-Region nur EE-Anteile im Wärmemarkt von max. ca. 28 % im Jahr 2025 erreicht. Selbst bei einem maximalen Ausbau von Wind und Photovoltaik, kann der Strombedarf der Wärmepumpen nicht zu hundert Prozent regenerativ gedeckt werden.

Die Verknüpfung von Strom und Wärme leistet zwar einen Beitrag zur Transformation des Energiesystems, sie erhöht aber auch die Komplexität der Aufgabe. Zudem konnte gezeigt werden, dass die Beschränkung auf eine Technologie zur Wärmeversorgung wie der Wärmepumpe aufgrund der negativen Auswirkungen auf den Stromsektor, wie der Erhöhung der Spitzenlast, nicht sinnvoll ist. Dennoch zeigt die Studie, dass die Flächen-Potenziale für eine nahezu vollständige Versorgung der Region aus dezentralen erneuerbaren Energien im Strom- und Wärmesektor vorhanden sind. Das ist umso bemerkenswerter als es sich um eine Region mit einem dicht besiedelten und industriell geprägten Oberzentrum (Kassel und unmittelbares Umland) handelt. Auch die benötigten Technologien sind grundsätzlich verfügbar. Die wesentlichen Herausforderungen sind somit einerseits die Erhöhung der Bereitschaft von Wärmeverbrauchern (insb. Immobilieneigentümern) zum Wechsel auf energieeffiziente und erneuerbare Wärmeversorgungsstrategien und andererseits eine intelligente Verknüpfung der Strom- und Wärmeversorgungstechnologien und –märkte.

2 Einleitung

Um die Einsparziele der Bundesregierung hinsichtlich der Emissionsminderung zu erreichen, müssen in allen Energie-Sektoren CO_2-Emissionen eingespart werden. Hierbei kommt neben dem Stromsektor vor allem auch dem Wärmesektor eine zentrale Bedeutung zu. Mit rund 40 % des gesamten Endenergieverbrauchs in Deutschland (Friedrich, M. et al. 2007) trägt der Energieverbrauch für Raumwärme und Warmwasserbereitung, welcher überwiegend in privaten Haushalten benötigt wird, zu einem großen Teil zu den CO_2-Emissionen bei. Nach Angaben des Bundesverbands Erneuerbare Energien (BEE) ist ein Großteil der installierten Heizungsanlagen zwischen zehn und 24 Jahren alt (BEE 2009), wodurch das Potenzial zur Heizungsmodernisierung entsprechend hoch ist. Derzeit haben regenerative Energieträger mit rund 9 % noch einen geringen Anteil im Wärmemarkt, doch kann dieser neben dem Einsatz von Solarthermie, Geothermie, Biomasse vor allem durch elektrische Wärmepumpen gesteigert werden.

Strom gewinnt an Bedeutung und wird zunehmend zur Primärenergiequelle. Dadurch kann er auch zunehmend in den Sektoren Wärme und Verkehr die Energieverbräuche decken, was zu Verknüpfungen und Abhängigkeiten zwischen den Energiesektoren führt.

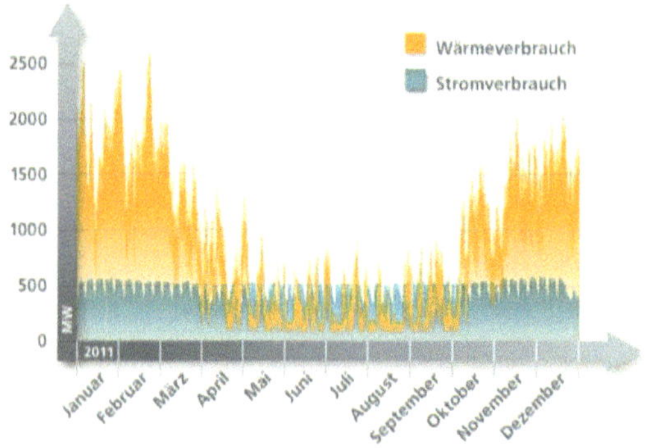

Abbildung 1: Vergleich von Strom- und Wärmeverbrauch im Betrachtungsraum über ein Jahr

Abbildung 1 zeigt, dass sich die Lastgänge von Strom und Wärme erheblich unterscheiden und die Verknüpfung von Strom und Wärme eine komplexe Herausforderung darstellt. Hierfür müssen geeignete Technologien gefunden und diese sinnvoll eingesetzt werden.

3 Bestandsanalyse

In der Bestandsanalyse wird untersucht, welche Energieträger und Technologien zur Wärmeversorgung in der SUN-Region eingesetzt werden und wie sich der Wärmemarkt in die Energieträger, Technologien, Sektoren, Anwendungen und Gebietskörperschaften aufteilen lässt. Die Bestandsanalyse dient als Referenz für die Szenarienentwicklung in Kapitel 6.2.

Im Betrachtungsraum wohnen ca. 730.000 Einwohner, die Fläche der SUN-Region dehnt sich dabei auf ca. 4000 km² aus. Die Stadt Kassel und ihr unmittelbares Umfeld besitzen größtenteils eine dichte Besiedelung und somit auch einen flächenspezifisch höheren Wärmebedarf, während die Landkreise eher durch eine ländliche Struktur mit geringer Siedlungsdichte geprägt sind (Henke, K. et al. 2012).

Im Rahmen der vorliegenden Studie konnte ein Endenergieverbrauch im Bereich Wärme von etwa 7.000 GWh für das Jahr 2011 ermittelt werden. Hierin sind die Sektoren Haushalte, Gewerbe, Handel, Dienstleistungen (GHD) und Industrie berücksichtigt. Für jeden der drei Sektoren wurden die Anwendungen im Bereich Raumwärme und im Bereich Warmwasser betrachtet. Zudem konnten in den Sektoren Haushalte und GHD Daten für die Anwendung im Bereich Prozesswärme ermittelt werden. Diese beinhaltet Wärme für z. B. Wasch- oder Spülprozesse. Im Industrie-Sektor wurde hingegen auf die Erfassung der Prozesswärme verzichtet. Grund hierfür ist vor allem die schlechte Datenlage zu Temperaturniveaus, zeitlicher Verteilung und Wärmerückgewinnung aufgrund der sehr vielfältigen und individuellen Branchen und Prozessarten. Eine Abschätzung ergab einen Wärmeverbrauch von ca. 2.500 GWh/a für Prozesswärmeanwendungen im Sektor Industrie. Im Folgenden werden die angewandten Methoden sowie die erzielten Ergebnisse dargestellt. Die Ergebnisse zur Bestandsanalyse markieren- wenn nicht anders vermerkt - den Stand zum Ende des Jahres 2011.

3.1 Methodik

Zur Bestandsanalyse des Wärmemarktes in der SUN-Region werden zwei Methoden angewandt. Zum einen wird aus kreisscharfen Daten zu Wärmeerzeugern, die z. B. von Genehmigungs- oder Förderungseinrichtungen bereitgestellt werden, die erzeugte Jahresmenge an Wärme ermittelt (Bottom-Up-Methode). Zum anderen werden diese Ergebnisse mit Bundes- und Landesstatistiken verglichen, die über entsprechende Faktoren auf die SUN-Region umgerechnet wurden (Top-Down-Methode). Über den Vergleich der beiden Methoden können die Ergebnisse auf Plausibilität überprüft werden. Die Gesamtsumme des Wärmebedarfs in der SUN-Region sowie deren Aufteilung in Energieträger, Technologien und Gebietskörperschaften wird aus der Bottom-Up-Methode übernommen. Die prozentuale Aufteilung des Wärmebedarfs in Sektoren (Haushalt, GHD, Industrie) und Anwendungen (Warmwasserbereitstellung, Raumwärme, Prozesswärme) kann hieraus nicht abgeleitet werden, da über die Bottom-Up-Methode zwar Anlagenanzahl, Leistung und Wärmemenge vorliegt, nicht jedoch Anwendungsbereich und Sektor, in dem der Wärmeerzeuger betrieben wird. Diese Aufteilung wird daher über die Top-Down-Methode abgeschätzt.

Die Bottom-Up-Methode baut auf Datensätze folgender Institutionen und Unternehmen auf:

- Städtische Werke AG
- Städtische Werke Energie + Wärme GmbH
- Städtische Werke Netz + Service GmbH
- Bundesamt für Wirtschaft und Ausfuhrkontrolle
- Bundesverband des Schornsteinfegerhandwerks
- Witzenhausen-Institut GmbH und Pöyry Environment GmbH

- TenneT TSO GmbH
- Hessisches Landesamt für Umwelt und Geologie
- Hessisches Statistisches Landesamt
- Zensusdatenbank Zensus 2011
- Stadtwerke Witzenhausen

Die Top-Down-Methode baut auf Datensätze folgender Institutionen und Unternehmen auf:

- AG Energiebilanzen e.V.
- Statistische Ämter des Bundes und der Länder

Die beiden Methoden werden im Folgenden detailliert beschrieben.

3.2 Vorgehensweise und Einzelergebnisse Bottom-Up-Methode

Als Referenzsituation für den Szenarienvergleich wurde der Bestand zum Ende des Jahres 2011 analysiert. Nicht alle Daten sind mit dieser Aktualität verfügbar, so dass in Einzelfällen der Stand der Daten abweichen kann. Bei verschiedenen Institutionen wurden Daten angefragt, um Informationen über die geförderten oder genehmigten Wärmeerzeugungsanlagen zu erhalten. In einer Vielzahl der Fälle lag nur eine Anlagenanzahl bzw. die installierte Leistung der Anlagen vor. Um ebenfalls die erzeugte Wärmemenge beziffern zu können, ist es also nötig, mit geeigneten Methoden von der Anlagenanzahl bzw. Leistung auf die Energie zu schließen. Die jeweiligen Methoden zur Nachbereitung der erhaltenen Rohdaten werden im Folgenden aufgeführt. Alle Daten zur Wärmeerzeugung in der SUN-Region werden in einer umfangreichen Erzeugerliste festgehalten. Die Gliederung erfolgt nach Wärmeerzeugungs-Technologie.

3.2.1 Solarthermie

Die Daten zur Bestandsermittlung von solar erzeugter Wärme wurden beim Bundesamt für Wirtschaft und Ausfuhrkontrolle (BAFA) angefragt (Wagner 2013). Die zur Verfügung stehenden Datensätze beinhalten das Installationsjahr, die Kollektorfläche und den Anlagentyp (Warmwasserbereitstellung oder zusätzlich heizungsunterstützend) der kreisscharf aufgeführten, geförderten Anlagen. Zur übersichtlicheren Darstellung werden die verschiedenen Anlagentypen in der unten angeführten Tabelle zusammengefasst. Zur Umrechnung der Kollektorfläche auf eine bestimmte Jahresnutzenergie, werden folgende Annahmen getroffen: Die Umrechnung der Bruttokollektorfläche auf die effektive Aperturfläche erfolgt über den Faktor 0,9. Der Systemnutzungsgrad[1] für Anlagen, die ausschließlich zur Warmwasserbereitung genutzt werden, wird auf $\bar{\eta}_{nutz}$ = 0,45 definiert, während der Systemnutzungsgrad für Anlagen, die zusätzlich heizungsunterstützend arbeiten, auf $\bar{\eta}_{nutz}$ = 0,3 festgelegt wird. Die über mehrere Jahre gemittelte Globalstrahlung in der Region Kassel wurde über die Software Meteonorm für einen durchschnittlichen Neigungswinkel der Anlagen von β = 45° und eine Südausrichtung der Kollektoren auf 1120 kWh/m²a ermittelt. Die vom BAFA geförderten Solarthermieanlagen sind in Tabelle 1 kreisscharf dargestellt. Der Bestand umfasst dabei etwa 15.000 Solarthermieanlagen, über die in etwa 45.000 MWh an Wärmebedarf gedeckt werden kann.

[1] Der Systemnutzungsgrad definiert sich über das Verhältnis von genutzter Wärmemenge zu Einstrahlungssumme, die auf die Kollektorfläche trifft. In Abgrenzung zum Wirkungsgrad (leistungsbezogen) bezieht sich der Systemnutzungsgrad auf Energiemengen.

Tabelle 1: Bestand an Solarthermieanlagen in der SUN-Region

Standort	Technologie	Anzahl	Wärmemenge [MWh/a]
Stadt Kassel		5.424	16.131
LK Kassel		5.291	16.166
LK Schwalm-Eder	Solarthermie	1.100	3.401
LK Werra-Meißner		2.646	8.301
SUN-Region		14.460	43.998

3.2.2 Wärmepumpen

Die erhobenen Bestandszahlen zu installierten Wärmepumpen-Anlagen stützen sich auf Datensätze des BAFA (Wagner 2013) sowie des Hessischen Landesamts für Umwelt und Geologie (HLUG) (Rumohr 2013). Da Wärmepumpen erst seit 2008 im Rahmen des Marktanreizprogrammes gefördert werden, gibt es seitens des BAFA keine Zahlen zum Bestand vor 2008. Das HLUG zeichnet Installationsjahr und Leistung von genehmigten Wärmepumpen auch schon vor der BAFA-Förderung auf, jedoch handelt es sich ausschließlich um Anlagen mit Erdwärmesonden (EWS). Für diese liegen kreisscharfe Daten zum Bestand vor, wohingegen Wärmepumpen, die Umgebungsluft als Wärmequelle nutzen, nicht vom HLUG protokolliert werden.

Das Geothermiezentrum Bochum nennt für den Bestand in Deutschland zum Jahr 2008 ein Verhältnis von 70 % EWS-Wärmepumpen zu 30 % Luft –Wärmepumpen (Platt, M. et al. 2010). Die Erhebung des Bestandes an Luft-Wärmepumpen vor der BAFA-Förderung kann über diese Korrelation zu EWS-basierten Wärmepumpen abgeschätzt werden. Ab dem Jahr 2008 wird auf die Zahlen des BAFA zurückgegriffen. Da hier jedoch nur Anlagenanzahl und -typ aufgenommen werden, muss die installierte Leistung und die im Jahr bereitgestellte Wärmmenge abgeschätzt werden. Dies erfolgt mit Hilfe der mittleren Leistung 13,7 kW und einer Jahresvolllaststundenzahl von 1900 h, wie sie beim HLUG gemeldet sind. Der Übersicht halber sind in Tabelle 2 die verschiedenen Anlagentypen nicht einzeln aufgeführt. Es sind in der SUN-Region ca. 900 Wärmepumpen installiert, die mit einer Gesamtleistung von etwa 12 MW eine Wärmemenge von ca. 25.000 MWh bereitstellen.

Tabelle 2: Bestand an Wärmepumpen in der SUN-Region

Standort	Technologie	Anzahl	thermische Leistung [MW]	Wärmemenge [MWh/a]
Stadt Kassel		357	5,0	9.478
LK Kassel		287	3,7	7.124
LK Schwalm-Eder	Wärmepumpe	100	1,5	2.781
LK Werra-Meißner		152	2,0	3.873
SUN-Region		896	12,2	23.255

3.2.3 Elektrische Heizsysteme

Die Anzahl der elektrischen Heizsysteme ist in kreisscharfer Auflösung schwer zu ermitteln. In einer Mikrozensus Zusatzerhebung von 2010 (Geisler 2013) wurden zwar kreisscharfe Datensätze zu strombeheizten Gebäuden ermittelt, jedoch werden lediglich Landkreise aufgeführt, deren Anzahl an strombeheizten Gebäuden über 5.000 liegt.

Da in vielen Landkreisen die Anzahl unter 5.000 liegt, wird innerhalb der SUN-Region ausschließlich ein Wert für den Schwalm-Eder-Kreis genannt. Die Werte für die anderen Gebietskörperschaften werden daher nach folgendem Verfahren berechnet: Für das Bundesland Hessen werden insgesamt 87.000 Gebäude mit Stromheizungen aufgeführt. Die Summe der Werte aller aufgeführten Gebietskörperschaften von Hessen, also Landkreise, in denen es mehr als 5.000 strombeheizte Gebäude gibt, beträgt 36.000. Es bleibt somit eine Differenz von 51.000 mit Strom beheizten Gebäuden, die aufgrund der genannten 5.000-Hürde nicht kreisscharf aufgeführt werden. Für die Berechnungen werden diese verbleibenden 51.000 Gebäude gewichtet nach der Gebäudeanzahl in der jeweiligen Gebietskörperschaft (Zensus 2011) auf diese verteilt. Die Belastbarkeit der in der Tabelle genannten kreisscharfen Zahlen ist somit begrenzt, dennoch sollte der Summenwert für die SUN-Region eine gute Abschätzung darstellen.

Die Berechnung der erzeugten Jahresmenge an Wärme wird, wie folgt, berechnet: Aus kombinierten Daten zur hessischen Gebäudetypologie, die teils vom Institut Wohnen und Umwelt (Born, R. et al. 1995) (Born, R. et al. 2003), teils aus der Zensusdatenbank Zensus 2011 (Zensus 2011) stammen, wird ein durchschnittlicher spezifischer Jahresheizbedarf und eine durchschnittliche Wohnfläche für die Wohngebäude der SUN-Region errechnet. Über diese beiden Werte kann der Heizwärmebedarf für ein durchschnittliches Gebäude der SUN-Region abgeschätzt werden.

Dieser mittlere Wärmebedarf wird dann mit der Anzahl der mit Strom beheizten Gebäude multipliziert. Die Anzahl der Gebäude und die erzeugte Wärmemenge der Stromheizungen in der SUN-Region sind in Tabelle 3 festgehalten. Demnach werden knapp 10.000 Gebäude in der SUN-Region noch mit Strom beheizt, was ungefähr einer Wärmemenge von 325.000 MWh entspricht.

Tabelle 3: Strombeheizte Gebäude in der SUN-Region

Standort	Technologie	Anzahl der mit Strom beheizten Gebäude	Wärmemenge [MWh/a]
Stadt Kassel	Elektrische Heizsysteme	2.520	82.621
LK Kassel		5.000	163.930
LK Schwalm-Eder		1.150	37.704
LK Werra-Meißner		1.200	39.343
SUN-Region		9.870	323.598

3.2.4 Blockheizkraftwerke

Die Bestandsdaten zu Blockheizkraftwerken werden über zahlreiche unterschiedliche Quellen ermittelt. Die Ergebnisse in Tabelle 4 sind in diesem Kapitel nicht kreisscharf, sondern nach Energieträgern aufgeschlüsselt dargestellt.

Im Bereich Biogas finden sich in der Biomassepotenzialstudie Hessen (Raussen et al. 2008) Zahlen zur Anzahl und bereitgestellten Wärmemenge von Biogas-BHKWs bis 2008. Ebenso sind Netzbetreiber verpflichtet, ein Register über an das Netz angeschlossene und nach Erneuerbare-Energien-Gesetz (EEG) vergütete Anlagen zu führen. So können mittels eines aufbereiteten Netzbetreiber-Anlagenregisters der Initiative Energymap (DGS 2013) die Zahlen bis 2011 vervollständigt werden. Die Umrechnung der hier aufgeführten, eingespeisten, elektrischen Energie in eine Wärmemenge findet mit dem in (Raussen et al. 2008) verwendeten Verhältnis statt. Der Begriff „Biogas" umfasst in diesem Kontext Biogas aus nachwachsenden Rohstoffen (NaWaRo) und Bioabfall, sowie Klärgas und Deponiegas.

Beim Klärgas-BHKW in Witzenhausen wird zusätzlich auf Informationen der ansässigen Stadtwerke zurückgegriffen (Stadtwerke Witzenhausen 2010). BHKWs, die mit Pflanzenöl, gasförmigem und flüssigem Erdgas oder Öl betrieben werden, sind vom BAFA zugelassen und registriert. Auf Anfrage stellt das BAFA die Daten zur Verfügung (Smuck 2013).

Zu BHKWs, die mit biogenen Flüssigkraftstoffen wie z. B. Pflanzenöl betrieben werden, meldet das BAFA lediglich eine Anlage mit einer thermische Leistung von etwa 20 kW im Schwalm-Eder-Kreis (Smuck 2013). Mit einer Volllaststundenzahl von 5500 h, wie sie in der BMU-Leitstudie (Nitsch, J. et al. 2012) für Pflanzenöl-BHKWs angesetzt wird, kann die Wärmemenge errechnet werden.

Erdgas-BHKWs sind in der SUN-Region mit einer Anzahl von 181 und einer thermischen Gesamtleistung von ca. 16,7 MW verzeichnet. Die Umrechnung auf die Wärmemenge erfolgt ebenfalls über eine Volllaststundenanzahl von 5500 h.

Analog wird die installierte Leistung öl- und flüssiggas-betriebener BHKWs auf die Wärmemenge umgerechnet. Hier sind beim BAFA 51 Öl-Anlagen mit einer thermischen Leistung von 710 kW und 20 Flüssiggas-BHKWs mit einer thermischen Leistung von 670 kW registriert (Smuck 2013).

In Summe ergibt sich somit eine Wärmemenge von etwa 140.000 MWh.

Tabelle 4: Bestand an Blockheizkraftwerken in der SUN-Region

Standort	Technologie	Energieträger	Anzahl	Therm. Leistung [MW]	Wärmemenge [MWh/a]
SUN-Region	BHKW	Biogas	57	-	38.902
		flüss. Biomasse	1	0,02	83
		Erdgas	181	16,66	91.647
		Öl	51	0,71	3.247
		Flüssiggas	20	0,67	3.677
Gesamt			310		137.556

3.2.5 Heizkraftwerke / Heizwerke / Fernwärme

Fernwärme Kassel

Die Stadt Kassel besitzt drei Heizwerke mit insgesamt acht Heißwasserkesseln, die allesamt mit Erdgas befeuert werden. Wie Tabelle 5 zeigt, speisen vier weitere Heizkraftwerke in das Fernwärmenetz ein. Die einzelnen Heizkraftwerke werden mit Biomasse, Erdgas, Kohle oder Müll betrieben (Jungermann 2013). Die thermische Gesamtleistung aller Heiz- und Heizkraftwerke liegt bei ca. 350 MW. In den letzten drei Jahren wurde eine Wärmemenge von etwa 600 MWh/a erzeugt. Es liegen konkrete Zahlen für die in den letzten Jahren in das Fernwärmenetz eingespeiste Wärmemenge von der Städtische Werke Energie + Wärme GmbH bzw. MHKW GmbH vor (Rößler 2013). Aus diesen Daten für die Wärmemenge wird für jedes Heizkraftwerk bzw. Heizwerk ein mittlerer Wert für den Zeitraum 2009 bis 2011 gebildet. Da in den Jahren 2010 und 2011 ebenfalls Fernwärme zur Prozesswärme-Anwendung in der Industrie enthalten ist, wird diese Wärmemenge vor der Mittelwertbildung zur Subtraktion auf die einzelnen Heizwerke/Heizkraftwerke verteilt. Die Verteilung erfolgt gemäß den prozentualen Anteilen in der Wärmeerzeugung.

Tabelle 5: Heizkraftwerke und Heizwerke zur Fernwärmeversorgung Kassel

Technologie	Brennstoff	Anzahl	installierte therm. Gesamtleistung [MW]	Wärmemenge [MWh/a]
Heizwerk	Erdgas	3	147,0	49.905
Heizkraftwerk	Biomasse	1	24,7	19.994
Heizkraftwerk	Erdgas	1	54,6	163.213
Heizkraftwerk	Kohle	1	80,0	179.701
Heizkraftwerk	Müll	1	45,0	158.543
Gesamt	-	7	351,3	571.356

Sonstige Heizwerke

In der Biomassepotenzialstudie Hessen (Raussen et al. 2008) sind weitere Heizwerke für die SUN-Region verzeichnet. Hierbei handelt es sich um verschiedene Holzheizwerke in allen Gebietskörperschaften. Dabei sind 78 Holzheizwerke in der SUN-Region verzeichnet, die eine Wärmemenge von ungefähr 87.600 MWh bereitstellen. Die Rechercheergebnisse werden in Tabelle 6 aufgeführt.

Tabelle 6: Weitere Heizwerke in der SUN-Region

Standort	Technologie	Energieträger	Anzahl	Leistung$_{th}$ [MW]	Wärmemenge [MWh/a]
Stadt Kassel			15	10,9	49.000
LK Kassel			17	5,9	12.000
LK Schwalm-Eder	Heizwerk	Holz	32	6,6	19.700
LK Werra Meißner			14	2,9	6.900
SUN-Region			78	26	87.600

Weitere Fern- und Nahwärmenetze, wie zum Beispiel in Witzenhausen oder Baunatal, sind bekannt. Da die eingesetzten Brennstoffe oft nicht aufgeschlüsselt werden können und es sich meist um eher geringe Wärmemenge (z. B. Witzenhausen mit etwa 8,6 GWh/a) (Stadtwerke Witzenhausen 2013) oder Industrieanlagen handelt wird auf eine weitere Betrachtung der Fern- und Nahwärme verzichtet.

Des Weiteren sind die Wärmeerzeuger, die in Nahwärmenetze einspeisen, oft Anlagen mit relativ kleiner Leistung und sind daher entweder in Kapitel 3.2.6 oder Kapitel 3.2.4 aufgeführt.

3.2.6 Dezentrale Feuerungsanlagen

Unter dezentralen Feuerungsanlagen werden alle Feuerungsstätten verstanden, die am Ort des Endenergieverbrauchers eingesetzt sind, sei als Wärmeerzeuger in Einfamilienhäusern, Zentralheizung für ein Mehrfamilienhaus oder als Etagenheizung für einzelne Wohnungen. Hierunter fallen Anlagen zur Verfeuerung von Gas, Öl, Kohle oder holziger Biomasse.

Dezentrale Gasfeuerungsanlagen

In der SUN-Region werden ca. 100.000 dezentrale Gasfeuerungsanlagen betrieben, die in etwa eine Wärmemenge von 3.350.000 GWh im Jahr bereitstellen (siehe Tabelle 7).

Die Anlagenanzahl der dezentralen Gasfeuerungsanlagen wurde über hessenweite Daten des Bundesverband des Schornsteinfegerhandwerks (Seelbach 2013) und über die Kundenanzahl der Städtische Werke Netz + Service GmbH (Puchta 2013) abgeschätzt. Die Verteilung der landesweiten Anlagenzahlen auf die Landkreise Kassel, Schwalm-Eder und Werra-Meißner erfolgt über den Einwohnerschlüssel. Zur Abschätzung der Anlagenanzahl in der kreisfreien Stadt Kassel wurde die Kundenanzahl mit der Anlagenanzahl gleichgesetzt, jedoch ein nach Einwohnerzahl gewichteter Teil für die Gemeinden Lohfelden, Fuldatal-Ihringshausen und Niestetal-Sandershausen ausgenommen. Diese Gemeinden liegen innerhalb des Versorgungsgebietes der Städtische Werke Netz + Service GmbH, werden jedoch zum Landkreis Kassel gezählt. Nach dieser Berechnungsmethode wurden in der SUN-Region etwa 100.000 dezentrale Gasfeuerungsanlagen ermittelt (siehe Tabelle 7).

Auch in der Berechnung der Wärmemenge wird zwischen der Methodik für die Stadt Kassel und der Methodik für die Landkreise unterschieden. In der kreisfreien Stadt Kassel ergibt sich die Wärmemenge, die aus Gas erzeugt wird, über die Gaslieferung der Städtischen Werke Netz + Service GmbH an Standard-Lastprofil (SLP)-Kunden. Analog zur Berechnung der Anlagenanzahl wird auch hier ein nach Einwohnerzahl gewichteter Betrag für die Gemeinden subtrahiert, die zwar innerhalb des Versorgungsgebietes liegen, aber zum Landkreis Kassel gehören. Kunden mit registrierter Leistungsmessung (RLM) werden nicht berücksichtigt, da hier davon ausgegangen wird, dass es sich größtenteils um industrielle Prozesswärme handelt.

Die Werte für die Wärmemenge, welche in den Landkreisen Kassel, Werra-Meißner und Schwalm-Eder aus Gas erzeugt wird, basieren auf Daten des Hessischen Statistischen Landesamtes (Hessisches Statistisches Landesamt 2013b). Aus der Summe des hessenweiten Gasverbrauchs von privaten Haushalten, GHD und einem Anteil von Warmwasser und Raumwärme in der Industrie, wurde der für die Stadt Kassel berechnete Gasverbrauch abgezogen und über den Einwohnerschlüssel auf die Landkreise verteilt.

Um Überschneidungen zu vermeiden wird zusätzlich die Zahl der in der SUN-Region gemeldeten BHKW und deren erzeugte Wärmemenge von der hier beschriebenen Anzahl und Wärmemenge für Gaskessel abgezogen, da sich innerhalb der Zahlen für Gaslieferungen aus (Hessisches Statistisches Landesamt 2013b) und Informationen der Städtischen Werke AG Kassel (Jungermann 2013) als auch der ermittelten Gasfeuerungsanlagen über (Seelbach 2013) und (Puchta 2013) ebenfalls die Anlagen und Wärmemenge befinden, die der Technologie Blockheizkraftwerk zuzuordnen ist. Die Berechnungen im Bereich BHKW sind in Kapitel 3.2.4 beschrieben.

In Summe wird somit eine Wärmemenge von 3.350.000 GWh aus dezentralen Erdgasfeuerungsanlagen als Nutzenergie bereitgestellt.

Tabelle 7: Bestand an dezentralen Erdgasfeuerungsanlagen in der SUN-Region

Standort	Technologie	Energieträger	Anzahl	Wärmemenge [MWh/a]
Stadt Kassel	Dezentrale Feuerungsanlage	Erdgas	44.795	945.097
LK Kassel			23.555	1.093.219
LK Schwalm-Eder			18.164	837.930
LK Werra-Meißner			10.331	469.675
SUN-Region			96.845	3.345.920

Dezentrale Ölfeuerungsanlagen

Die Zahl der dezentralen Ölfeuerungsanlagen wurde analog zu den Gaskesseln über eine nach Einwohnerzahl gewichtete Verteilung von hessenweiten Zahlen des Bundesverband des Schornsteinfegerhandwerks (Seelbach 2013) ermittelt. Hiernach werden in der SUN-Region ca. 60.000 Anlagen zur reinen Wärmeerzeugung mit Öl betrieben.

Da die Öllieferungen nicht ähnlich einfach wie Gaslieferungen beziffert werden können, wird die Jahreswärmemenge, die über Öl erzeugt wird, analog zu den Berechnungen bei den elektrischen Heizsystemen ermittelt. Über den durchschnittlichen spezifischen Heizwärmebedarf und die mittlere Wohnfläche für Gebäude in der SUN-Region wird ein mittlerer Wärmebedarf für Gebäude ermittelt. Mit der Annahme, dass die Anzahl der Ölfeuerungsanlagen in etwa der Anzahl der mit Öl beheizten Wohngebäude entspricht, lässt sich eine Wärmemenge für die einzelnen Gebietskörperschaften der SUN-Region berechnen.

Analog zu den Berechnungen bei den dezentralen Gasfeuerungsanlagen, wird hier ebenfalls die Zahl der in der SUN-Region gemeldeten und mit Öl betriebenen BHKWs und deren erzeugte Wärmemenge von der hier beschriebenen Anzahl und Wärmemenge für Ölkessel abgezogen. Dies hat den Grund, dass sich unter den vom Schornsteinfegerverbund überprüften Anlagen ebenfalls BHKWs befinden.

Die etwa 60.000 dezentralen Ölanlagen der SUN-Region decken demnach knapp 2.000.000 MWh an Wärmebedarf. Dies sind über 25 % des gesamten Wärmebedarfs in der SUN-Region.

Eine Übersicht über ölbefeuerte dezentrale Anlagen findet sich in Tabelle 8.

Tabelle 8: Bestand an dezentralen Ölfeuerungsanlagen in der SUN-Region

Standort	Technologie	Energieträger	Anzahl	Wärmemenge [MWh/a]
Stadt Kassel	Dezentrale Feuerungsanlage	Öl	16.090	526.753
LK Kassel			19.531	639.111
LK Schwalm-Eder			15.050	492.195
LK Werra-Meißner			8.578	281.224
SUN-Region			59.249	1.939.284

Dezentrale Kohlefeuerungsanlagen

Die Anzahl an dezentralen Kohlefeuerungsanlagen in Hessen ist sehr gering. Insgesamt sind nach dem Bundesverband des Schornsteinfegerhandwerks (Seelbach 2013) in Hessen 50 Anlagen verzeichnet, die nach BImSchV gemessen werden müssen. Werden diese Anlagen gewichtet nach Einwohnerzahl den Landkreisen und Regionen zugeordnet, resultiert hieraus eine Anzahl von 6 Anlagen in der SUN-Region. Aufgrund dieser geringen Anzahl werden dezentrale Kohlefeuerungsanlagen in der weiteren Betrachtung nicht berücksichtigt. Der Energieträger Kohle wird in der SUN-Region somit ausschließlich im Fernwärmebereich betrachtet.

Konventionelle Holzfeuerungsanlagen

Die Daten zur konventionellen Scheitholznutzung in privaten Haushalten sind vom Witzenhausen-Institut für Abfall, Umwelt und Energie und der Pöyry Environment GmbH in der Biomassepotenzialstudie Hessen für das Jahr 2008 erhoben worden. Vergleicht man die Daten aus der Biomassepotenzialstudie Hessen aus dem Jahr 2005 mit der aktuelleren Version von 2008, so ist zwar ein Anstieg der konventionellen Holznutzung zu verzeichnen, während der tatsächliche Scheitholzverbrauch aber nur mäßig steigt. Dies ist durch verbesserte Effizienz der Scheitholzanlagen, technische Veränderung (z. B. Nutzung von Pufferspeichern) und Ergänzung von thermischen Solaranlagen zur Vermeidung des Sommerbetriebes zu erklären (Raussen et al. 2008). Somit werden die Daten von 2008 auch für das Jahr 2011, welches die Grundlage für die Bestandsaufnahme bildet, als belastbar angesehen.

Es ergibt sich das grundsätzliche Problem, ausführliche Daten zum Scheitholzverbrauch zu finden, da dieses aus den unterschiedlichsten Quellen bezogen wird, wie beispielsweise dem Hessen-Forst oder aus Privatwaldbeständen. Die Autoren der Biomassepotenzialstudie Hessen führen daher eine statistisch auswertbare Erhebung mit Unterstützung des Landesinnungsverband der hessischen Schornsteinfeger durch, in dem der Brennholzverbrauch repräsentativer Bevölkerungsgruppen in unterschiedlichen Siedlungsstrukturen erfasst und auf die einzelnen Landkreise übertragen wird (Raussen et al. 2008). Nach dieser Vorgehensweise werden in der SUN-Region ca. 400.000 MWh Wärme im Jahr durch Scheitholz erzeugt. In Tabelle 9 sind die Ergebnisse zur konventionellen Holznutzung kreisscharf aufgeführt.

Tabelle 9: Über konv. Holznutzung bereitgestellte Wärmemenge in der SUN-Region

Standort	Technologie	Anzahl	Wärmemenge [MWh/a]
Stadt Kassel	konventionelle Holznutzung	Keine Angabe	20.800
LK Kassel			159.600
LK Schwalm-Eder			138.900
LK Werra-Meißner			73.400
SUN-Region			392.700

Geförderte Holzfeuerungsanlagen

Das Bundesamt für Wirtschaft und Ausfuhrkontrolle fördert Anlagen zur Verfeuerung fester Biomasse wie Scheitholzvergaser oder Pellets- und Hackschnitzelkessel. Auf

Anfrage können die Daten zu geförderten Anlagen kreisscharf zur Verfügung gestellt werden (Wagner 2013). Die erhaltenen Daten beschreiben Anlagenanzahl, -typ und –leistung. Zur Umrechnung auf eine Wärmemenge wurde in Anlehnung an (Raussen et al. 2008) eine mittlere Volllaststundenanzahl von ca. 1.580 h angenommen, die für geförderte Holzfeuerungsanlagen im privaten Bereich angesetzt wird. In der SUN-Region wird demnach über knapp 3.000 geförderten Holzheizungsanlagen eine Gesamtwärmemenge von ungefähr 100.000 MWh/a bereitgestellt. Eine vollständige Übersicht findet sich in Tabelle 10.

Tabelle 10: Bestand an geförderten Holzfeuerungsanlagen in der SUN-Region

Standort	Technologie	Anzahl	Therm. Leistung [MW]	Wärmemenge [MWh/a]
Stadt Kassel	geförderte Holzfeuerungs-anlagen	128	2,2	3.426
LK Kassel		1.066	21,6	34.175
LK Schwalm-Eder		1.294	27,1	42.825
LK Werra-Meißner		426	11,1	17.507
SUN-Region		2.914	61,9	97.933

3.2.7 Zusammenfassung Bottom-Up-Methode

Nach der Bottom-Up-Methode wird in der SUN-Region eine Gesamtwärmemenge von rund 7.000 GWh bereitgestellt.

Die Aufteilung nach Technologien ist in Tabelle 11 dargestellt.

Tabelle 11: Jährlich bereitgestellte Wärmemenge in der SUN-Region, nach Technologie aufgeschlüsselt

Technologie	Wärmemenge [GWh/a]	Wärmemenge [%]
Heizwerk	138	2,0
dezentrale Feuerungsanlagen	5776	82,9
KWK	659	9,5
Solarthermie	44	0,6
Elektrische Heizsysteme	324	4,6
Wärmepumpe	23	0,3
Gesamtergebnis	6963	100,0

Über 80 % der benötigten Wärme wird demnach in der SUN-Region in dezentralen Feuerungsanlagen, hauptsächlich in mit Öl- und Erdgas betriebenen Geräten, erzeugt.

Tabelle 12 zeigt die Aufteilung der Wärmemenge in Energieträger. Etwas mehr als 50 % der Wärme wird dabei über den Energieträger Erdgas bereitgestellt, weitere 28 % des Bedarfs wird über den Brennstoff Öl gedeckt. Etwa 10 % sind aus erneuerbaren Energien, hier hat die Biomasse mit 9,2 % den größten Anteil.

Tabelle 12: Aufschlüsselung nach Energieträger

Energieträger	Wärmemenge [MWh]	Wärmemenge [%]	
Erdgas	3.654.363	52,5	
Öl	1.942.531	27,9	
Kohle	179.701	2,6	
Strom	323.598	4,6	
Müll	158.543	2,3	
Biomasse	637.211	9,2	EE-Anteil: 10,1 %
Sonne	43.998	0,6	
Umweltwärme	23.255	0,3	
Gesamtergebnis	6.963.201	100,0	

3.3 Vorgehensweise und Ergebnisse Top-Down-Methode

Die Top-Down-Methode verfolgt einen anderen Ansatz als die Bottom-Up-Variante. Aus bundesweiten Zahlen zum Wärmeverbrauch in den einzelnen Sektoren und Anwendungsbereichen wird über geeignete Skalierungsfaktoren auf eine Wärmemenge in der SUN-Region geschlossen.

3.3.1 Haushaltssektor

Daten zum bundesweiten Wärmeverbrauch im Haushaltssektor werden von der AG Energiebilanzen e.V. (AGEB 2013) für das Jahr 2011 veröffentlicht. Im Bereich Haushaltswärme wird mit zwei unterschiedlichen Skalierungsfaktoren gerechnet. Zur Umrechnung des Wärmeverbrauchs zur Warmwasserbereitstellung werden die Anteile der Bevölkerung in den Gebietskörperschaften der SUN-Region an der Bevölkerung von Deutschland ermittelt. Die Bevölkerungszahlen stammen dabei vom Statistischen Bundesamt (Statistisches Bundesamt 2013a) und dem Hessischen Statistischen Landesamt (Hessisches Statistisches Landesamt 2013a). Zur Erhebung des Energieverbrauchs im Bereich Raumwärme wird über die jeweiligen Anteile der Wohnfläche skaliert. Die Daten werden ebenfalls vom Statistischen Bundesamt (Statistisches Bundesamt 2013b) und Landesamt (Hessisches Statistisches Landesamt 2011) zur Verfügung gestellt. Die Wärmemenge im Bereich Haushalts-Prozesswärme wird analog zur Warmwasserbereitstellung über die Einwohneranzahl den Gebietskörperschaften zugeordnet. Bei der Prozesswärme im Haushalt wird nur die Wärmemenge betrachtet, die nicht über Strom erzeugt wird. Es wird angenommen, dass Prozesswärme aus Strom, wie sie beispielsweise beim Kochen mit einem Elektroherd benötigt wird, nicht durch eine alternative Wärmequelle ersetzbar ist. Somit besteht auch kein Potenzial, hier in Zukunft beispielsweise mehr Wärme über Fernwärme bereitzustellen. Bei Prozesswärme für Spül- und Waschvorgänge wäre hierfür theoretisch Potenzial vorhanden, daher wird dieser Bereich auch berücksichtigt.

In Tabelle 13 sind die Ergebnisse festgehalten. In der SUN-Region bestehen nach der Top-Down-Methode ein Wärmebedarf für Raumwärme von etwa 3.700 GWh und ein Wärmebedarf für Warmwasserbereitstellung von 800 GWh. Der Bereich Prozesswärme ist im Vergleich dazu mit 7,3 GWh sehr gering.

Tabelle 13: Übersicht Wärmebedarf im Haushalts-Sektor

Standort	Raumwärme [GWh]	Warmwasser [GWh]	Sonst. Prozesswärme [GWh]	Summe [GWh]
Stadt Kassel	886	231	2	1119
LK Kassel	1254	280	2	1536
LK Schwalm-Eder	946	215	2	1163
LK Werra-Meißner	573	122	1	696
SUN-Region	3659	849	7	4515

3.3.2 Sektor Gewerbe, Handel und Dienstleistung

Dem Sektor „Gewerbe, Handel und Dienstleistungen“ werden beispielsweise die Bereiche Land- und Fortwirtschaft, Bau- und Gastgewerbe, Finanz- und Versicherungsdienstleistungen und die Informations- und Kommunikationsbranche zugeordnet. Auch für diesen Sektor finden sich bundesweite Zahlen, die von der AG Energiebilanzen e. V. veröffentlicht werden (AGEB 2013). Als Skalierungsfaktor, mit dem man die deutschlandweiten Daten auf die SUN-Region umrechnet, wird hier der Anteil der sozialversicherungspflichtig Beschäftigten gewählt. Zahlen hierzu werden von den Statistischen Ämtern des Bundes und der Länder veröffentlicht (Statistische Ämter des Bundes und der Länder 2013). Mit der Prozesswärme wird analog zum Haushaltssektor verfahren: Prozesswärme, die aus Strom erzeugt wird, wird nicht berücksichtigt. Es ergibt sich somit eine Gesamtwärmemenge im Sektor GHD von etwa 1.700 GWh. Eine Aufschlüsselung nach Gebietskörperschaft und Anwendungsbereich findet sich in Tabelle 14.

Tabelle 14: Übersicht Wärmebedarf im GHD-Sektor

Standort	Raumwärme [GWh]	Warmwasser [GWh]	Sonst. Prozesswärme [GWh]	Summe [GWh]
Stadt Kassel	634	80	90	804
LK Kassel	293	37	42	371
LK Schwalm-Eder	256	32	37	325
LK Werra-Meißner	150	19	21	191
SUN-Region	1333	168	190	1691

3.3.3 Industriesektor

Für den Sektor „Verarbeitendes Gewerbe und Bergbau“ liegen Daten für den Gesamtenergieverbrauch für die einzelnen Regionen in Nordhessen vom Hessischen Statistischen Landesamt vor (Hessisches Statistisches Landesamt 2013c). Im Abgleich mit der Definition des AG Energiebilanzen e.V. wird der Sektor verkürzt als „Industrie“ bezeichnet. Die Datengrundlage beinhaltet den Endenergieverbrauch auf Ebene der kreisfreien Städte und Kreise. Im Bereich Industrie wird lediglich der Wärmeteil für die Warmwasserbereitung und die Raumwärme betrachtet. Wie anfangs erwähnt, wird die industrielle Prozesswärme aus Gründen der Komplexität, die sich durch die unterschiedlichsten Anwendungs- und Temperaturbereiche ergibt, nicht berücksichtigt. In vielen Anwendungsfällen sind hohe Temperaturen notwendig, die nur durch bestimmte Energieträger bereitgestellt werden können. Pauschale Aussagen, wie die industrielle Prozesswärme gedeckt werden kann sind somit nicht möglich.

Da ausschließlich Daten für den Industrie-Gesamtenergieverbrauch vorliegen (Wärme-/Kälteanwendungen, mechanische Energie, IKT und Beleuchtung) muss eine Umrechnung auf den Wärmeteil erfolgen. Dies geschieht über den deutschlandweiten Anteil. Grundlage hierfür bilden die Daten der AG Energiebilanzen e.V. (AGEB 2013). Der Wärmebedarf für Raumwärme und Warmwasseranwendungen in der Industrie liegt nach dieser Berechnungsmethode bei ca. 340 GWh. Eine genaue Aufschlüsselung nach Gebietskörperschaft und Anwendung findet sich in Tabelle 15.

Tabelle 15: Übersicht Wärmebedarf im Industrie-Sektor (ohne Prozesswärme)

Standort	Raumwärme [GWh/a]	Warmwasser [GWh/a]	Summe [GWh/a]
Stadt Kassel	32	4	36
LK Kassel	120	14	133
LK Schwalm-Eder	73	8	81
LK Werra-Meißner	80	9	90
SUN-Region	305	35	340

3.3.4 Zusammenfassung Top-Down-Methode

Die Top-Down Methode berücksichtigt analog zur Bottom-Up-Methode die Bereiche Raumwärme, Warmwasser und Prozesswärme in den Sektoren Haushalte und GHD sowie die Bereiche Raumwärme und Warmwasser im Industriebereich. Die industrielle Prozesswärme wurde nicht berücksichtigt. Diese liegt schätzungsweise in einer Größenordnung von 2.500 GWh.

Nach der Top-Down-Methode werden in den Landkreisen der SUN-Region in Summe etwa 6500 GWh im Jahr an Wärme verbraucht. Die kreisfreie Stadt Kassel sowie der Landkreis Kassel benötigen hierbei mit je ca. 2.000 GWh/a die größte Wärmemenge, gefolgt vom Schwalm-Eder-Kreis mit ca. 1.500 GWh/a und dem Werra-Meißner-Kreis mit ca. 1000 GWh/a. Der größte Teil der Wärme mit ca. 4.500 GWh entfällt auf den Haushaltssektor.

Eine Übersicht über die Ergebnisse ist in Tabelle 16 gegeben.

Tabelle 16: Übersicht Ergebnisse Top-Down-Methode

Standort	Haushalte [GWh/a]	GHD [GWh/a]	Industrie [GWh/a]	Summe [GWh/a]
Stadt Kassel	1119	804	36	1959
LK Kassel	1536	371	133	2040
LK Schwalm-Eder	1163	325	81	1569
LK Werra-Meißner	696	191	90	977
SUN-Region	4515	1691	340	6546

3.4 Vergleich der Methoden

In Tabelle 17 werden die Ergebnisse beider Methoden gegenüber gestellt. Vergleicht man die Gesamtwärmesumme der einzelnen Gebietskörperschaften, so beträgt die maximale prozentuale Abweichung 12 % (für Stadt Kassel und Schwalm-Eder-Kreis). In den Landkreisen Kassel und Werra-Meißner liegt die Abweichung bei 3 % und -5 %. Die Abweichung für die gesamte SUN-Region liegt bei 6 %. Die Ergebnisse aus beiden Methoden bestätigen die Plausibilität der Ergebnisse. Man kann einerseits daraus ableiten, dass die einzelnen Vorgehensweisen zur Umrechnung der Anlagenanzahl bzw. Leistung auf die bereitgestellte Wärmemenge (Bottom-Up-Methode) im Zulässigkeitsbereich liegen und andererseits feststellen, dass ebenso die Anwendung von bundesweiten Daten in Kombination mit regionalspezifischen Skalierungsfaktoren eine relativ gute Abschätzung ermöglichen. Man beachte jedoch, dass die Methoden sicher nur mit einer Ausklammerung der industriellen Prozesswärme auf belastbare Ergebnisse führen.

Tabelle 17: Vergleich der Jahreswärmemengen in der SUN-Region, ermittelt über zwei unterschiedlichen Methoden

Standort	Bottom-Up [GWh/a]	Top-Down [GWh/a]	Differenz [GWh/a]	prozentuale Abweichung [GWh/a]
Stadt Kassel	2188	1959	229	12%
LK Kassel	2092	2040	52	3%
LK Schwalm-Eder	1756	1569	186	12%
LK Werra-Meißner	928	977	-49	-5%
SUN-Region	6963	6545	418	6%

3.5 Zusammenfassung Bestandsanalyse

Dieses Kapitel fasst die Ergebnisse übersichtlich in Tabellen und Grafiken zusammen. Die beiden Methoden dienen nicht nur zur Überprüfung der Plausibilität, sondern ergänzen sich gegenseitig. So kann beispielsweise die Aufteilung in einzelne Energieträger nur über die Bottom-Up-Methode erfolgen, während die Separation nach Anwendungsbereich lediglich durch die Top-Down-Methode ermöglicht wird. Die in den folgenden Tabellen und Grafiken dargestellten Ergebnisse sind somit eine Kombination aus beiden Methoden zur Bestandsanalyse.

In der SUN-Region besteht insgesamt ein Wärmebedarf[1] von ca. 7000 GWh pro Jahr. Diese Gesamtwärmemenge – ermittelt über die Bottom-Up-Methode - lässt sich nach bestimmten Kriterien aufteilen, wie z. B. Gebietskörperschaften, Anwendung, Energieträger, etc.

Aufteilung des Wärmebedarfs nach Sektoren und Anwendung

Die Untergliederung in Sektoren umfasst die Unterpunkte Haushalte, GHD und Industrie, während die Anwendungsgebiete die Bereiche Raumwärme, Warmwasser und Prozesswärme einschließen. Die industrielle Prozesswärme ist aus Gründen der Komplexität nicht berücksichtigt. Die Prozesswärme bezieht sich somit nur auf die Sektoren Haushalte und GHD. Tabelle 18 zeigt die prozentuale Aufteilung für die gesamte SUN-Region. Es wird deutlich, dass unter Ausklammerung der industriellen Prozesswärme, der Bereich Haushalte mit fast 70 % die größte Rolle spielt. Betrachtet man die Anwendungsbereiche, so wird ungefähr 80 % der Wärme für die Raumheizung eingesetzt.

Tabelle 18: Prozentuale Aufteilung des Wärmebedarfs der SUN-Region in Sektoren und Anwendungen

	Raumwärme [%]	Warmwasser [%]	Prozesswärme [%]	Summe [%]
Haushalte	55,7	13,0	0,1	68,8
GHD	20,6	2,6	2,9	26,2
Industrie	4,5	0,5	-	5,1
Alle Sektoren	80,9	16,1	3,1	100,0

Diese prozentuale Aufteilung basiert auf der Top-Down-Methode, in welcher von bundesweiten, bzw. hessenweiten Zahlen über geeignete Umrechnungsfaktoren auf die Zahlen in der SUN-Region geschlossen wird, vgl. hierzu Kapitel 3.3. In Abbildung 2 sind die Ergebnisse zusätzlich in absoluten Zahlen dargestellt.

[1] Ohne Berücksichtigung der industriellen Prozesswärme

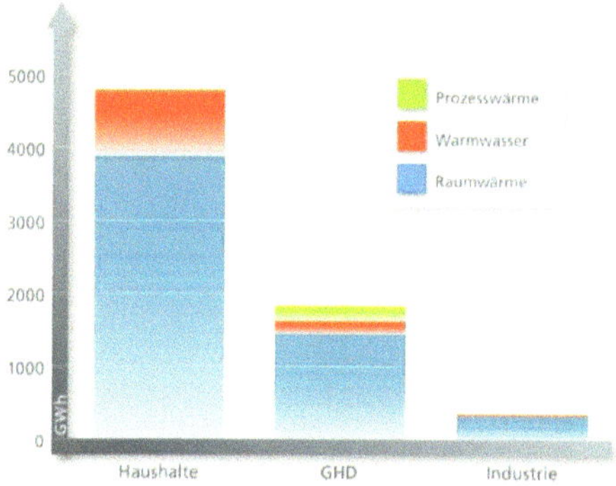

Abbildung 2: Aufteilung des Wärmebedarfs in der SUN-Region nach Sektoren und Anwendungen

Aufteilung des Wärmebedarfs nach Energieträgern und Technologie

In Abbildung 3 und Abbildung 4 ist der gesamte Wärmebedarf für die SUN-Region nach Energieträgern beziehungsweise Technologie aufgeschlüsselt. Etwa die Hälfte des Wärmebedarfs[1] wird über den Energieträger Erdgas gedeckt. Dies sind meist Anlagen für Ein- oder Mehrfamilienhäuser, vereinzelt auch Blockheizkraftwerke für größere Wohnanlagen oder den GHD-Sektor. Etwas mehr als ein Viertel der Wärme wird über Öl erzeugt – auch hier gilt Gleiches wie beim Erdgas, was die Technologien angeht. Ca. 10 % werden über EE bereitgestellt wobei die Biomasse hier den größten Anteil besitzt. Unter Biomasse ist in diesem Kontext feste Biomasse, wie Scheitholz oder Pellets, flüssige Biomasse wie Biokraftstoffe als auch Biogas gemeint. Weniger als 1 % des Wärmebedarfs kann durch Solarthermie und Umweltwärme (Wärmepumpen) abgedeckt werden. Durch die Heizkraftwerke der Energie und Wärme GmbH bzw. MHKW GmbH wird im Bereich Fernwärme je etwa 2,5 % der Wärme über Kohle- bzw. Müllverfeuerung bereitgestellt. Einen Anteil von ca. 5 % haben derzeit noch Stromheizungen.

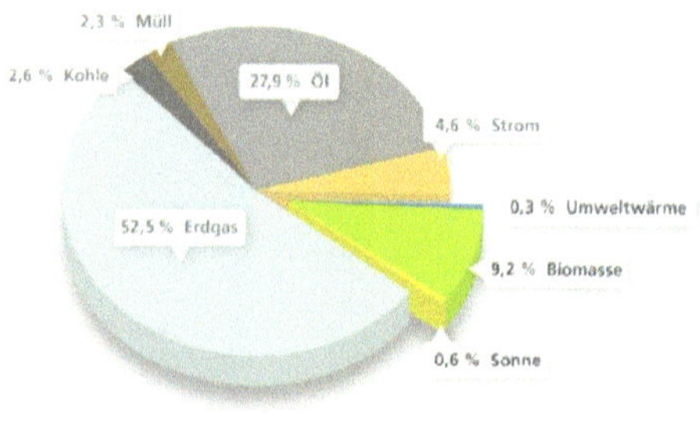

Abbildung 3: Aufteilung der Wärmebereitstellung in Energieträger

Ordnet man den Wärmebedarf nach Technologien, so stellt man fest, dass mehr als 80 % der Wärme über Feuerungsanlagen am Ort des Verbrauchers erzeugt wird. Ebenfalls dezentral wird ca. 5% über elektrische Heizsysteme, 0,6 % über

[1] Ohne industrielle Prozesswärme

Solarthermie und 0,3 % des Wärmebedarfs mittels Wärmepumpen gedeckt. In der Sparte „KWK" sind sowohl dezentrale Blockheizkraftwerke als auch zentrale Heizkraftwerke aufgeführt. 2 % der Wärme wird in zentralen Heizwerken erzeugt.

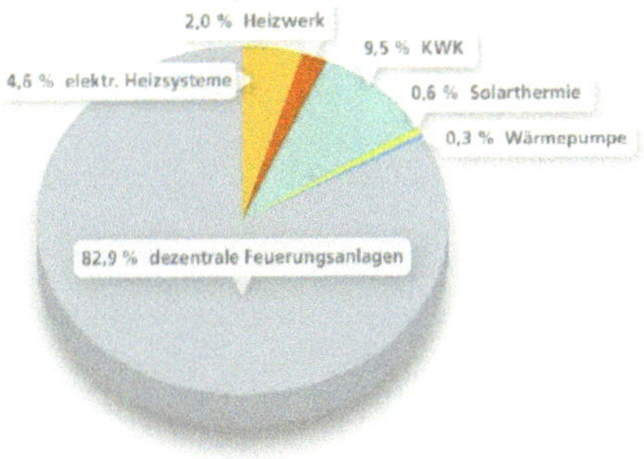

Abbildung 4: Aufteilung der Wärmebereitstellung in Technologien

Aufteilung nach Gebietskörperschaften

Die Untergliederung nach Gebietskörperschaft erfolgt mittels der Erzeugerliste (Bottom-Up-Methode). Da die Anlagen meist mit Postleitzahl aufgeführt sind, lassen sich diese hierüber den Landkreisen der SUN-Region und der kreisfreien Stadt Kassel zuordnen. Demnach wird in der Stadt Kassel und dem Landkreis Kassel je ungefähr 2.000 GWh an Wärme pro Jahr benötigt. Der Schwalm-Eder-Kreis liegt mit etwa 1.800 GWh/a knapp darunter, während der Werra-Meißner-Kreis mit ungefähr 900 GWh ungefähr die Hälfte der Wärme der anderen Landkreise benötigt. Für die kreisscharfe Aufteilung in Sektoren werden die prozentualen Anteile aus der Top-Down-Methode übernommen. Tabelle 16 bildet hierfür die Grundlage. Tabelle 19 fasst die Ergebnisse zusammen.

Tabelle 19: Untergliederung nach Gebietskörperschaft

Verbrauch	Stadt Kassel [GWh/a]	Landkreis Kassel [GWh/a]	Schwalm-Eder-Kreis [GWh/a]	Werra-Meißner-Kreis [GWh/a]
Industrie	40	137	91	85
GHD	898	380	364	181
Haushalte	1250	1575	1301	662

4 Technologiebeschreibung

Für die Untersuchung der Fragestellung werden zunächst Funktionsweise und Einsatzgebiete sowie Markttrends und Entwicklungsperspektiven aktueller und zukünftiger Wärmeerzeugungstechniken beschrieben und deren Möglichkeiten zur Strom-Wärmekopplung dargestellt.

4.1 Solarthermie

Funktionsweise

Solarthermie-Anlagen dienen der Bereitstellung von Wärme durch die Nutzung von Solarenergie. Die Hauptbestandteile einer Solarthermie-Anlage sind Kollektor, Speicher und Solarkreis. Im Wesentlichen kommen zwei verschiedene Typen von Kollektoren zum Einsatz: Flachkollektoren und Vakuumröhren-Kollektoren. Im Falle des Flachkollektors tritt die Solarstrahlung durch eine transparente Abdeckung in den Kollektor ein und trifft auf das Absorberblech. Hier erfolgen die Absorption der Solarstrahlung und die Umwandlung der Strahlungsenergie in Wärme. Der Absorber besteht i.d.R. aus einem selektiv-beschichteten Aluminium- oder Kupferblech, an welchem Kupferrohre mäander- oder harfenförmig angeordnet sind. Durch diese Rohre strömt ein Wärmeträgerfluid, das die Wärme aufnimmt und abtransportiert. Um Wärmeverluste zu vermindern, ist der Solarkollektor in ein Gehäuse eingebracht, dass rückseitig mit einer Wärmedämmung versehen ist. Abbildung 5 zeigt die beschriebene Funktionsweise.

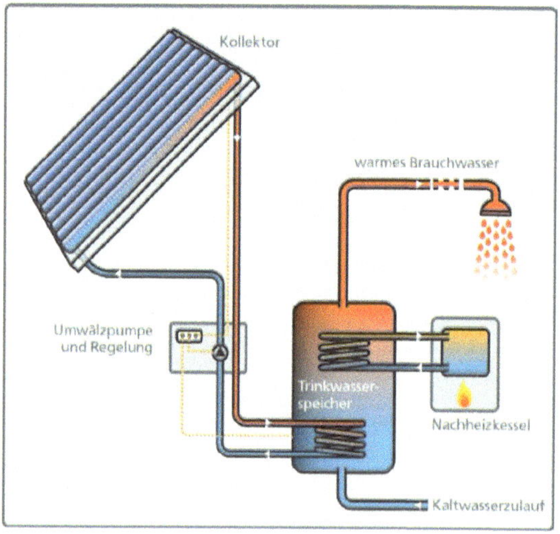

Abbildung 5: Funktionsprinzip Solarthermie für Warmwasserbereitung

Im Gegensatz zum Flachkollektor befindet sich der Absorber beim Vakuumröhren-Kollektor innerhalb einer evakuierten Glasröhre. Im Vergleich zum Flachkollektor hat dies den Vorteil, dass die thermischen Verluste der Vakuumröhre sehr viel geringer sind.

In der Regel werden solarthermische Kollektoren dezentral in ein Ein- und Mehrfamilienhäusern für die Bereitstellung von Warmwasser und zur Heizungsunterstützung eingesetzt. Der Einsatz für die Wärmebereitstellung in Produktionsprozessen ist möglich, kommt jedoch bisher nur selten zur Anwendung. Da meistens der Wärmebedarf nicht zeitgleich mit dem solaren Wärmeangebot auftritt, muss die solar erzeugte Wärme temporär gespeichert werden um sie bei Bedarf wieder abrufen zu können. Hierfür kommt i. d. R. Wasser als Speichermedium zum Einsatz. Die Einspeisung von solarer Wärme in Nahwärmenetz wurde bisher nur in wenigen Fällen umgesetzt.

Eingesetzte Energieträger

Solarthermische Kollektoren nutzen die Solarenergie und zählen deshalb zu den regenerativen Energietechnologien.

Marktanteil, Markttrends und Entwicklungsperspektiven

Bezogen auf den Endenergieverbrauch im Wärmebereich betrug im Jahr 2011 der bundesweite Anteil der erneuerbaren Energien 11 %. Hiervon wurden rund 3,9 % durch die Solarthermie bereitgestellt (BMU 2013). In der SUN-Region liegt der Anteil der Solarthermie an den Erneuerbaren Energien bei ca. 5,9 %, bzw. am Gesamtwärmebedarf bei 0,6 %. Das Haupteinsatzgebiet von Solarthermie in Deutschland ist die Trinkwarmwasserbereitung in Ein- und Zweifamilienhäusern. Teilweise wird die Solarthermieanlage auch heizungsunterstützend eingesetzt. Seit 2011 werden keine reinen Trinkwarmwasser-Solarthermieanlagen mehr im Wohnungsbestand gefördert, der Ausbau der Solarthermie ist daher auch in der SUN-Region stark eingebrochen (Wagner 2013). Im Neubau ist mit einem weiteren Ausbau der Solarthermie zu rechnen, da die Anforderungen des EE-Wärme-Gesetzes mit Hilfe von Solarthermie vergleichsweise einfach zu erfüllen sind (Adolf, J. et al. 2013).

Wirtschaftlichkeit

Die Kosten für solar bereitgestellte Wärme hängen stark vom Einsatzbereich, der gewählten Hydraulik (mit/ohne Speicher) und der Auslegung der Solaranlage ab. Weiter kann die Inanspruchnahme einer Förderung die Wärmegestehungskosten für den Betreiber senken. Im Bereich der Einfamilienhäuser werden von den Herstellern vordimensionierte Komplettpakete angeboten, wodurch eine aufwendige Planung der Anlage meist entfällt. Heute erreichen wirtschaftlich ausgelegte Anlagen im Haushaltsbereich solare Deckungsraten von ca. 60 % für die Warmwasserbereitstellung. Für die Heizungsunterstützung kann je nach Dämmstandard des Gebäudes von ca. 10 % bis 20 % ausgegangen werden.

Für Großanlagen z. B. im Industriebereich oder auch für große Mehrfamilienhäuser ist hingegen eine kostenintensive Planung erforderlich. Dennoch liegen hier die Wärmegestehungskosten mit 8-10 ct/kWh meist nur halb so hoch wie bei Kleinanlagen (Schnauss 2008). Grund hierfür sind vor allem die spezifisch niedrigeren Investitionskosten für große Solarkollektorflächen.

Möglichkeiten der Strom-Wärmekopplung

Für eine Kopplung mit dem Strommarkt ist die Solarthermie nicht geeignet. Weder wird elektrische Energie benötigt (mit Ausnahme der Solarkreispumpe) noch wird elektrische Energie bereitgestellt. Durch die Nutzung der in unseren Maßstäben unbegrenzt zur Verfügung stehenden Solarstrahlung, bietet die Solarthermie grundsätzlich ein hohes Wärmepotenzial.

4.2 Wärmepumpen

Funktionsweise

Im Haushaltsbereich dienen Wärmepumpen der Bereitstellung von Wärme für die Gebäudebeheizung sowie der Warmwasserbereitung. Die Wärmebereitstellung erfolgt unter Nutzung von Umweltenergie als Wärmequelle. Hierbei handelt es sich im Wesentlichen um Erdwärme (Erdkollektoren oder Erdsonden), Luft oder Grundwasser. Die Wärmequelle dient dabei der Verdampfung eines Kältemittels im Wärmepumpenkreislauf. Das dampfförmige Kältemittel wird mit Hilfe eines elektrisch angetrieben Verdichters komprimiert, so dass Druck und Temperatur ansteigen. Im Kondensator erfolgt im nächsten Schritt die Kondensation des Kältemittels, wobei Energie an den Wasserkreislauf der Heizungsanlage abgegeben wird. Letztlich wird Kältemittel mit einem Expansionsventil entspannt und das Kältemittel erreicht wieder seinen Ausgangszustand. Folgende Abbildung zeigt den beschriebenen Kreisprozess schematisch.

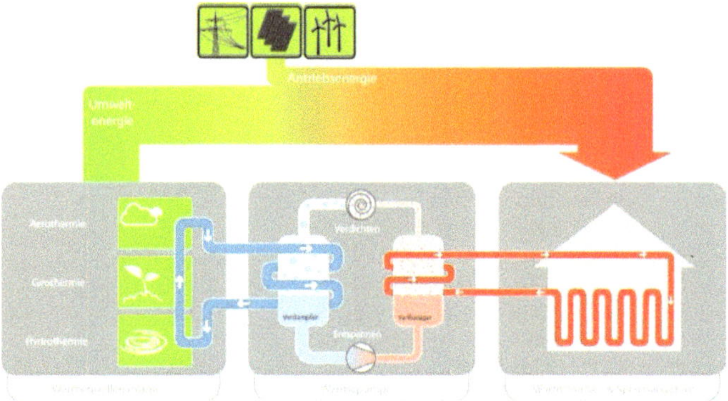

Abbildung 6: Funktionsprinzip Wärmepumpe (BWP 2013)

Je nach Wärmequelle werden unterschiedliche Typen von Elektro-Wärmepumpen unterschieden. Für die Nutzung von Erdwärme werden Sole-Wasser-Wärmepumpen eingesetzt. Hierbei wird eine Sole als Wärmeträger genutzt, mit der die Erdwärme zum Verdampfer der Wärmepumpe transportiert wird. Kommt Grundwasser als Wärmequelle zum Einsatz, handelt es sich um eine Wasser-Wasser-Wärmepumpe. Grundwasser wird aus einem sog. Saugbrunnen entnommen, die Wärme wird dem Grundwasser entzogen und über den sog. Schluckbrunnen zurückgeführt. Die dritte Variante ist die Luft-Wasser-Wärmepumpe. Dieser Typ nutzt i. d. R. die Außenluft als Wärmequelle.

Eingesetzte Energieträger

Als charakteristische Kenngröße von Wärmepumpen dient die Leistungszahl. Diese wird aus dem Verhältnis von Nutzleistung zur aufgewendeten elektrischen Antriebsleistung gebildet. Die Leistungszahl hängt stark vom Betriebspunkt ab. Daher wird für die Bewertung eines Wärmepumpensystems die Jahresarbeitszahl verwendet. Hier wird die Jahres-Wärmemenge mit der aufgewendeten Strommenge ins Verhältnis gesetzt. Um eine Vergleichbarkeit sicherzustellen muss hierbei auf den jeweils gewählten Bilanzraum geachtet werden.
Die Jahresarbeitszahl von Wärmepumpen liegt in Deutschland in einem Bereich zwischen 3 und 4. Dies bedeutet, dass im Mittel aus einem Teil elektrischer Energie 3

bis 4 Teile Nutzenergie bereitgestellt werden kann. Der überwiegende Anteil der genutzten Energieträger ist also regenerativ, weshalb die Wärmepumpe zu den regenerativen Technologien gezählt werden kann.

Marktanteil, Markttrends und Entwicklungsperspektiven

Bezogen auf den Endenergieverbrauch im Wärmebereich betrug im Jahr 2011 der bundesweite Anteil der erneuerbaren Energien 11 %. Hiervon wurden rund 4,2 % durch Wärmepumpen unter Nutzung der oberflächennahen Geothermie und der Umweltwärme bereitgestellt (BMU 2013). In der SUN-Region liegt der Anteil der Wärmepumpen bei 3,0 % unter den erneuerbaren Energien, bzw. 0,3 % am Gesamtwärmebedarf. Die Absatzzahlen für Wärmepumpen sind in den letzten Jahren aufgrund steigender Energiepreise, Fördermaßnahmen und Anforderungen im Neubau durch das EE-Wärme-Gesetz gestiegen. Der Marktanteil der Wärmepumpe an Neugeräten beträgt in Deutschland etwa 9 % (Adolf, J. et al. 2013). Aufgrund niedrigerer Investitionskosten dank einer einfacheren Installation im Vergleich zu geothermischen Anlagen, besitzt die Luft-Wärmepumpe mit ca. 65 % den größten Anteil an Neuinstallationen – bezogen auf die SUN-Region (Wagner 2013). Die zu erwartende Novellierung der Energieeinsparverordnung und die damit verbundene Verschärfung der Anforderungen an Neubauten wird den Einsatz von Wärmepumpen von derzeit rund einem Drittel im Neubau weiter steigern (Adolf, J. et al. 2013) (BWP 2011).

Möglichkeiten der Strom-Wärmekopplung

Unter der Voraussetzung von vorhandenen Speichern, sind Wärmepumpensysteme gut für einen bedarfsunabhängigen Betrieb geeignet. Dies bietet prinzipiell die Möglichkeit Wärmepumpensysteme für eine Kopplung mit dem Strommarkt in Betracht zu ziehen.

Wirtschaftlichkeit

Vorteilhaft sind niedrige (Heizungs-)Vorlauftemperaturen, weshalb Wärmepumpen vor allem in Neubauten oder gut sanierten Altbauten zum Einsatz kommen. Im Einfamilienhausbereich liegen die Wärmegestehungskosten für Luft-Wasser-Wärmepumpen im Bereich von 12 Cent/kWh und für Sole-Wasser-Wärmepumpen bei 15 Cent/kWh (Langniß, O. et al. 2011).

4.3 Elektrische Heizsysteme

Es gibt unterschiedliche Arten elektrischer Heizsysteme: Zur elektrischen Raumheizung werden fast ausschließlich Nachtspeicherheizungen, sog. Widerstandsheizungen eingesetzt (Frey, G. et al. 2007). Die elektrische Warmwasserbereitstellung hingegen erfolgt meist mittels Durchlauferhitzer. Des Weiteren werden Heizspiralen, deren Prinzip auch im elektrischen Durchlauferhitzer Anwendung findet, teils als Back-Up-Systeme, z. B. in Kombination mit einer Wärmepumpe installiert.

Funktionsweise

Der Durchlauferhitzer besteht aus Heizblock mit einem Zu- und Ablauf für das zu erwärmende Wasser. Mittels elektrischen Heizwiderständen wird das Wasser im Durchfluss erwärmt. Da auch größere Durchflussmengen bereitgestellt werden sollen, z. B. beim Duschen, ist die Leistung des Gerätes meist relativ groß gewählt, im häuslichen Bereich typisch zwischen 20 kW und 30 kW. Eine einfache schematische Darstellung ist in Abbildung 7 zu sehen.

Ein Nachtspeicherofen funktioniert ebenfalls nach dem Prinzip des elektrischen Widerstandes. Der Strom erwärmt dabei einen speziellen Speicherstein, den sogenannten Magnesitkern auf bis zu 600 °C. Dieser ist oft von einem korkartigen, Isoliermaterial ummantelt, so dass an der Oberfläche der Heizung maximal 60 °C auftreten können (RWE 2013).Der Nachtspeicherofen wird hauptsächlich mit günstigem Nachtstrom aufgeladen (siehe Abschnitt „Wirtschaftlichkeit) und gibt die Wärme tagsüber mittels eines geregelten Lüfters an die Raumluft ab. Der Energieversorger kann hierbei über Funkrundsteuertechnik den speziellen 2-Tarifstromzähler beim Betreiber der Heizung auf den Nebentarif umschalten. Mit diesem günstigeren Strom, der oft nachts wegen kontinuierlich betriebenen Grundlastkraftwerken anfällt, werden nun die Speichersteine aufgeladen. Der schematische Aufbau ist in Abbildung 7 zu erkennen.

Die Heizspirale, welche oft als Back-Up-System eingesetzt wird, kann direkt in den Warmwasserspeicher integriert werden. Auch sie wandelt Strom über den Widerstand des Heizdrahtes in Wärme um. Die Heizspirale ist normalerweise aus Gründen des Korrosionsschutzes gegenüber dem sie umfließenden Medium elektrisch isoliert.

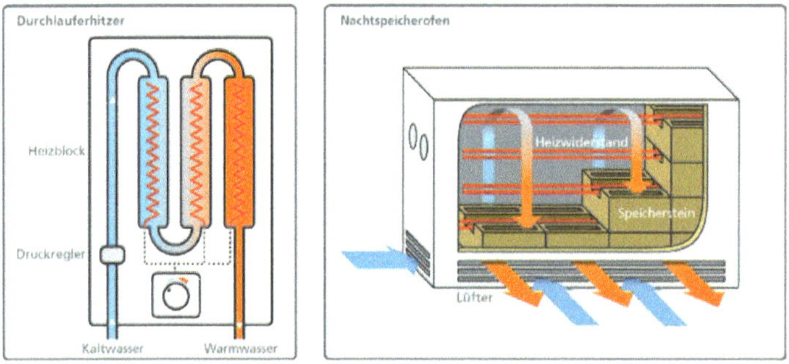

Abbildung 7: Durchlauferhitzer links und Nachtspeicherofen rechts

Eingesetzte Energieträger

Der Strom, der bei elektrischen Heizsystemen zum Einsatz kommt, kann aus erneuerbaren oder fossilen Energiequellen generiert werden. Nachtspeicheröfen werden hauptsächlich mit überschüssigem, nächtlichem Grundlaststrom betrieben.

Marktanteil, Markttrends und Entwicklungsperspektiven

Bundesweit wird in etwa 5 % der Wärme für Raumheizung und Warmwasser in den Sektoren GHD und Haushalte mittels Strom erzeugt. Im Industriesektor liegt der Anteil bei 2,5 % (AGEB 2013). Ca. 4,6 % der Energiemenge in Nordhessen wird über elektrische Heizsysteme erzeugt. Aufgrund steigender Strompreise, einem ineffizienten Gesamtwirkungsgrad (sofern die Kraftwerke zur Stromerzeugung mitgerechnet werden) und einer bei derzeitigem Strommix nicht sehr vorteilhaften Klimabilanz, galten elektrische Heizsysteme, vor allem im Raumwärmebereich lange Zeit als eine aussterbende Technik, zumindest was den deutschen Markt angeht. Nachdem Ideen zur Kopplung des Strom- und Wärmemarktes aufgekommen waren, insbesondere um Stromüberschüsse aus fluktuierenden erneuerbaren Energien in Wärme zu wandeln statt elektrisch zu speichern, wurde das geplante Gesetzt zum Verbot von Nachtspeicheröfen letztendlich doch nicht verabschiedet. Die Zukunft von elektrischen Heizgeräten ist bisher noch ungewiss, die Technik könnte jedoch in naher Zeit eine Renaissance erleben.

Möglichkeiten der Strom-Wärmekopplung

In einen Pufferspeicher integrierte Heizspiralen lassen sich sehr gut nutzen um überschüssigen Strom in Wärme zu speichern. Je nach Größe und Qualität des Speichers kann die Wärme über mehrere Tage gespeichert werden. Auch

Nachtspeicheröfen können flexibel betrieben werden, allerdings eher im Stundenbereich. Die Wärme kann hier nicht über Tage gespeichert werden. Durchlauferhitzer eignen sich nicht zum flexiblen Betrieb.

Wirtschaftlichkeit

Die Wirtschaftlichkeit von elektrischen Heizsystemen ist nicht unbedingt gegeben. Alte oder erneuerte Geräte werden jedoch oft weiterhin genutzt, da die Umbaukosten zu anderen Energieträger hoch sind: Neben den Investitionen in Wärmeerzeuger fallen ebenfalls Kosten für z. B. Heizkörper und Abgasleitungen bei Feuerungsgeräten an. Da der Strompreis sowohl für den Hochtarif (HT) als auch Niedertarif (NT) in den letzten Jahren jedoch kontinuierlich gestiegen ist, sind die Kosten für den Betrieb eines elektrischen Wärmeerzeugers ohne Subventionen oder günstigeren Nachtstromtarifen relativ hoch. Die Süwag-Gruppe bietet beispielsweise mit dem „Thermo 8"-Tarif Strom zum Heizen für 18,79 ct/kWh (NT) bzw. 22,49 ct/kWh (HT) an (Süwag 2013). Um Windkraft-und Photovoltaikanlagen in Zeiten, in denen das Stromangebot größer als der Bedarf ist, nicht abregeln zu müssen, sind die großen Energieversorger den elektrischen Heizsystemen gegenüber positiv gestimmt. Da die Bundesregierung das geplante Verbot von Nachtspeicherheizung nicht verabschiedet hat, kann hier eventuell mit einem Aufleben der elektrischen Heizsysteme gerechnet werden.

4.4 Kraft-Wärme-Kopplung

Kraft-Wärme-Kopplung (KWK) ist die gekoppelte Erzeugung von elektrischer und thermischer Energie. Hierzu können Brennstoffe in unterschiedlichen Systemvarianten eingesetzt werden (s. Abbildung 8).

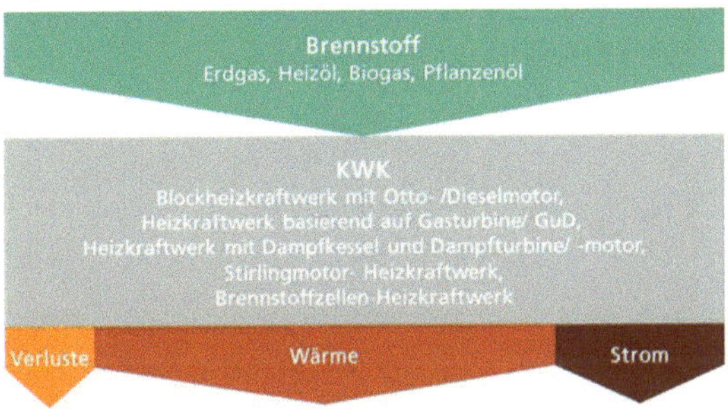

Abbildung 8: Funktionsprinzip von KWK-Anlagen (eigene Darstellung in Anlehnung an (Schaumann und Schmitz 2010) und (Adolf, J. et al. 2013))

Funktionsweise

Bei den Systemvarianten kann zwischen Technologien mit Verbrennungsmotor, Gasturbinen, Dampfturbinen und -motoren sowie Brennstoffzellen unterschieden werden. Im ***Blockheizkraftwerk (BHKW)*** mit Verbrennungsmotor wird thermische und mechanische Energie durch Verbrennung des Brennstoffs erzeugt. Mit der mechanischen Energie wird in einem Generator elektrische Energie erzeugt.

In einem ***Heizkraftwerk basierend auf einer Gasturbine/ Gas- und Dampfturbine*** wird ein Gemisch aus Luft und Brennstoff verbrannt und damit mechanische Energie erzeugt. Bei Kombination mit einer Dampfturbine dient das heiße Abgas der Gasturbine über einen Abhitzekessel zum Betrieb einer nachgeschalteten Dampfturbine, in der ebenfalls mechanische Energie erzeugt wird. Mit der mechanischen Energie wird in einem Generator elektrische Energie erzeugt. In einem ***Brennstoffzellenheizkraftwerk*** wird aus chemischer Energie elektrische Energie erzeugt. Hierzu werden Wasserstoff und Sauerstoff in Wasser umgewandelt, wobei gleichzeitig elektrische und thermische Energie entstehen. KWK-Anlagen können strom- oder wärmegeführt werden, abhängig von der Zielenergie. Optimal werden KWK-Anlagen eingesetzt, wenn gleichzeitig über einen längeren Zeitraum Strom und Wärme benötigt werden.

Je nach Bedarf werden KWK-Anlagen von wenigen Kilowatt bis zu Leistungen von vielen Megawatt eingesetzt. Im kleineren Leistungsbereich von bis zu 50 kW_{el} dominieren Motorheizkraftwerke. Bis etwa 2 kW_{el} (Mikro-KWK) werden hauptsächlich Anlagen mit Stirling- oder Gasverbrennungsmotoren und zusätzlichem Pufferspeicher in Ein- bis Zweifamilienhäusern eingesetzt. Bis etwa 50 kW_{el} (Mini-KWK) werden Otto-/ oder Dieselmotoren in Mehrfamilienhäusern oder Gewerbebetrieben installiert. Im mittleren Leistungsbereich von mehr als 50 kW_{el} (KWK) werden Otto- oder Dieselmotoren, Gasturbinen oder Dampfturbinen in der Industrie oder größeren Wohngebäudekomplexen eingesetzt. (Adolf, J. et al. 2013)

Wirtschaftlich von besonderer Bedeutung sind eher kleinere, dezentral in Verbrauchernähe installierte KWK-Anlagen. Die elektrische Energie wird in diesen Fällen über die meist bereits vorhandenen Mittel- und Niederspannungsnetze verteilt, während die Wärmeenergie über Nahwärme- oder Fernwärmenetze eingespeist oder für die Heizung und Warmwasserbereitung genutzt wird (Schaumann und Schmitz 2010). Durch Mini- und Mikro-KWK-Anlagen können 10 % bis 30 % nutzbare elektrische Energie und 65 % bis 80 % nutzbare thermische Energie erzeugt werden. In Summe ergeben sich Gesamt-Nutzungsgrade von etwa 80 % bis über 90%. (Adolf, J. et al. 2013)

Eingesetzte Energieträger

Als Energieträger können sowohl fossile Brennstoffe, wie Erdgas oder Heizöl als auch erneuerbare Energieträger wie Biogas oder Pflanzenöl eingesetzt werden.

Marktanteil, Markttrends und Entwicklungsperspektiven

Nach (Adolf, J. et al. 2013, S. 17) ist die Zahl der am Markt angebotenen KWK-Geräte und deren Hersteller in den letzten Jahren deutlich gestiegen. Es wird geschätzt, dass im Jahr 2012 ca. 6.000 Mini- bzw. Mikro-KWK-Anlagen abgesetzt und davon ungefähr 50 % im Wohnungsmarkt eingesetzt wurden. Rund ein Drittel des Absatzes sind Mikro-KWK-Anlagen, die sich gerade in der Markteinführung befinden. Die Brennstoffzellentechnologie ist demnach noch in der Entwicklungsphase, werden aber bei fortdauernder Weiterentwicklung in Zukunft häufiger angeboten. Die Bedeutung von Dampfkraftmaschinen ist eher gering. (Adolf, J. et al. 2013)

Möglichkeiten der Strom-Wärmekopplung

KWK ist die gekoppelte Erzeugung von elektrischer und thermischer Energie. Werden nicht beide Energiearten gleichzeitig benötigt, kann die überschüssige Energie entweder zwischengespeichert oder in Netz des örtlichen Energieversorgers eingespeist und vergütet werden.

Wirtschaftlichkeit

Mikro- KWK-Anlagen mit einer installierten Leistung von 1 kW_{el} gibt es derzeit für ca. 11.000 € , Mini-KWK-Anlagen zwischen 1,5 und 4,7 kW installierter Leistung kosten derzeit ca. 22.500 € (Raatschen 2013). Hinzu kommen je nach Technologie noch Kosten für Speicher, Gashausanschluss, Fernwärmeanschluss oder Öltank.

Mikro- und Mini-KWK sind relativ neu auf dem Markt und haben deshalb noch relativ hohe Investitionskosten. Bei weiterer Marktdurchdringung und durch ein breiteres Herstellerangebot ist aber davon auszugehen, dass die Investitionskosten in den nächsten Jahren sinken. (Adolf, J. et al. 2013)

Durch den Einsatz von KWK-Anlagen ergeben sich für den Betreiber Vorteile durch die Verringerung des Strombezugs, die Vermeidung von Netznutzungsentgelten und die Einspeisevergütung zuzüglich gesetzlicher Förderung. Wird Heizöl oder Erdgas eingesetzt, so erhält der Betreiber die Energiesteuer zurück. (Adolf, J. et al. 2013)

4.5 Heizwerke

Funktionsweise

In Heizwerken wird ausschließlich thermische Energie erzeugt. Hierzu wird ein Übertragungsmedium (meist Wasser oder Dampf) in einem Kessel oder durch Wärmeübertrager erhitzt (s. Abbildung 9).

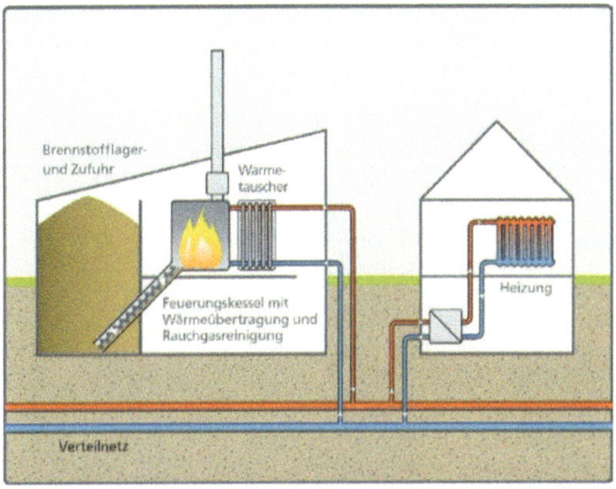

Abbildung 9: Schematischer Aufbau eines Heizwerks

Die thermische Energie wird häufig über Fern- oder Nahwärmenetze zum Verbraucher geleitet und hier zur Warmwassererzeugung, zur Raumbeheizung oder für industrielle Prozesse genutzt. (Paschotta 2013)

Heizwerke sind flexibel einsetzbar und eigenen sich sehr zur Abdeckung von kurzzeitigen Wärmebedarfsspitzen. Zudem ist die Erzeugung thermischer Energie in einem zentralen Heizwerk umweltfreundlicher, da z. B. Holz in einem großen Holzkessel vollständiger verbrennt und sich effektivere Abgasreinigungen realisieren lassen (SWM 2013).

Eingesetzte Energieträger

Eingesetzte Brennstoffe zur Erzeugung der thermischen Energie sind fossile Energieträger, wie Heizöl, Erdgas und Kohle oder regenerative Energieträger, wie Holz oder Stroh.

Marktanteil, Markttrends und Entwicklungsperspektiven

Den größten Marktanteil haben derzeit Biomasse-Heizanlagen. Anders als für konventionelle Feuerungsanlagen besteht für Biomasseheizwerke auf Basis von Pellets, Hackschnitzeln, Stroh etc. noch ein bedeutendes Potenzial zur Ausweitung der Marktanteile. (Nitsch, J. et al. 2010)

Möglichkeiten der Strom-Wärmekopplung

Da in einem Heizwerk ausschließlich thermische Energie erzeugt wird, ist die Möglichkeit der zusätzlichen Stromerzeugung nicht gegeben. Allerdings wird in einem Heizwerk elektrische Energie für den Betrieb benötigt. Durch Erweiterung der Technologie auf z. B. ein Heizkraftwerk wären Möglichkeiten zur Strom-Wärmekopplung gegeben.

Wirtschaftlichkeit

Durch das Potenzial der Absatzsteigerung und der damit verbundenen Lerneffekte wird bei Biomasseheizwerken mit einer Reduktion der spezifischen Investitionen bis 2050 gerechnet. Diese werden jedoch durch die steigenden Kosten für Biomassebrennstoffe kompensiert, weshalb sich die Stromgestehungskosten auf einem Niveau von ca. 10 ct/kW$_{th}$ einpendeln werden (Szenario 2011 A in Nitsch, J. et al. 2012).

4.6 Dezentrale Feuerungsanlagen

Dezentrale Feuerungsanlagen sind Heiztechnologien, die in direkter Nähe des Verbrauchers installiert sind. Hierunter fallen Anlagen zur Verfeuerung von Gas, Öl, Kohle oder holziger Biomasse.

Gas-, Öl- und Kohlefeuerungsanlagen

Funktionsweise

Durch die Verbrennung des jeweiligen Energieträgers wird thermische Energie erzeugt. Hierzu werden Heizkessel eingesetzt, die hinsichtlich ihrer energetischen Effizienz in Standardkessel, Niedertemperatur- und Brennwertkessel unterteilt werden können.

In Standardkesseln werden Erdgas, Öl oder Kohle verbrannt und die so entstehende thermische Energie mithilfe eines Wärmetauschers an den Heizkreis übertragen. Die Heizkessel werden unabhängig von der Außentemperatur mit konstanter Temperatur betrieben, was zu hohen Abgas- und Wärmeabstrahlverlusten führt. (BauNetz 2013)

In Niedertemperaturkesseln werden i. d. R. Erdgas oder Öl verbrannt und so thermische Energie erzeugt. Aufgrund geringer Oberflächentemperaturen (Vorlauftemperatur von bis zu 80 °C, Rücklauftemperatur von bis zu 55 °) werden sie häufig als Flächenheizung eingesetzt. Der auf den Brennwert bezogene Nutzungsgrad erreicht Werte bis zu 86 %. Der Leistungsbereich liegt zwischen wenigen Kilowatt bis zu mehreren Tausend Kilowatt. (Buderus 2013)

Brennwertkessel nutzen die Kondensationswärme des Wasserdampfes im Abgas und nutzen so nahezu vollständig den Energiegehalt (Brennwert) des eingesetzten Brennstoffes. Hierzu werden das Verbrennungsgas und der bei der Verbrennung entstehende Wasserdampf abgekühlt und die damit verbundene Kondensationswärme genutzt, was Abbildung 10 darstellt. Hierfür sind Vor- und Rücklauftemperaturen von 55 °/45 °C optimal (Adolf, J. et al. 2013). Moderne Brennwertkessel sind mit modulierenden Brennern ausgestattet, die eine veränderliche Nennleistung ermöglichen. Der Nutzungsgrad auf den Brennwert bezogen erreicht ca. 98 %. (Buderus 2013)

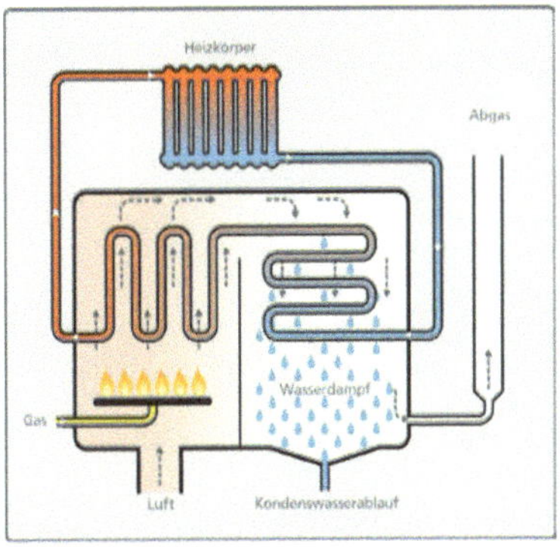

Abbildung 10: Schema der Gas-Brennwerttechnik

Zum Einsatz kommen Brennwertkessel häufig als Fußboden- oder Heizkörperheizungen in neugebauten Wohngebäuden und sind gut für die Kombination mit Solarthermie-Anlagengeeignet.

Eingesetzte Energieträger

In den Standardkesseln werden Heizöl, Gas oder in älteren Anlagen auch Kohle eingesetzt. In Niedertemperaturkesseln werden hauptsächlich Heizöl oder Erdgas eingesetzt, in Brennwertkesseln Heizöl, oder Erdgas (auch mit biogenen Beimischungen). (Buderus 2013) (Adolf, J. et al. 2013)

Marktanteil, Markttrends und Entwicklungsperspektiven

Standardkessel werden aufgrund der hohen Abgas- und Wärmeabstrahlverluste heute nicht mehr eingesetzt (BauNetz 2013). Nach einer Erhebung des Schornsteinfegerhandwerks waren in 2012 in Deutschland über 5,5 Mio. Ölfeuerungsanlagen und mehr als 9,1 Mio. Gasfeuerungsanlagen (exkl. Brennwertfeuerstätten) installiert (ZIV 2012).

Gas- und Ölniedertemperaturkessel werden nach und nach durch die Brennwerttechnik ersetzt, wobei der Übergang bei Ölheizungen etwas langsamer voran geht. In Kombination mit Solarthermie-Anlagen können Brennwertkessel auch zukünftig wirtschaftlich und energieeffizient eingesetzt werden. In 2012 hatten Brennwertkessel einen Marktanteil von ca. 60 %. (Adolf, J. et al. 2013)

Möglichkeiten der Strom-Wärmekopplung

Da Standardkessel, Niedertemperatur- und Brennwertkessel zur Erzeugung thermischer Energie eingesetzt werden, sind sie für die Kopplung mit dem Strommarkt nicht geeignet. Allerdings benötigen je nach System die eingesetzten Regelungstechniken und Umwälzpumpen elektrische Energie.

Wirtschaftlichkeit

Die Investitionskosten bei Modernisierung der Heizung betragen bei Niedertemperatur-Gas- und Ölheizkessel für Ein-/ Zweifamilienhäuser ca. 6.900 € bzw.8.000 €. Für Gas- und Öl-Brennwertanlagen mit indirekt beheiztem Speicher liegen diese bei 6.700 € bzw. 9.100 € (Adolf, J. et al. 2013).

Holzfeuerungsanlagen

Holzfeuerungsanlagen können zwischen Einzelfeuerungen und Zentralfeuerungen unterschieden werden. Einzelfeuerungen dienen als Kaminofen nur der Beheizung des umgebenden Raumes während Zentralfeuerungen ein Übertragungsmedium erhitzen. Ihr Einsatzgebiet ist sowohl als alleinige Heiztechnologie als auch in Kombination mit anderen Technologien möglich. (Adolf, J. et al. 2013)

Funktionsweise

In Einzelfeuerungen (Kaminöfen) wird der Brennstoff verbrannt und thermische Energie direkt an die Umgebung abgegeben.

Scheit-/ Stückholzkessel werden aktuell als Holzvergaserkessel eingesetzt. Hierzu wird der Kessel mit dem Brennstoff beschickt und brennt dann über einen längeren Zeitraum aus. Holzvergasung und Holzgasverbrennung finden räumlich und zeitlich getrennt voneinander statt. Durch die Flammenführung und die Heizgasumlenkung erreichen Holzvergaserkessel sehr hohe Wirkungsgrade.

Pellet-/Hackschnitzelkessel werden meist automatisch bedarfsgemäß mit dem Brennstoff beschickt (s. Abbildung 11). Vorteile der Pellets gegenüber Scheit- und Stückholz sind bessere Verbrennungs- und Transporteigenschaften. Dadurch, dass Pelletkessel nicht so flexibel einsetzbar sind, werden sie häufig in Kombination mit Pufferspeichern eingesetzt, aus denen die Wärme bedarfsgerecht entnommen werden kann. Die Wirkungsgrade moderner Holzvergaser und Pelletlkessel liegen bei bis zu 95 %, wohingegen die Jahresnutzungsgrade etwas geringer sind. Pelletkessel werden eher im kleineren Leistungsbereich für die Nutzung in Ein- und Zweifamilienhäusern eingesetzt. Hackschnitzelanlagen finden eher Anwendung bei höherem Wärmebedarf. (Adolf, J. et al. 2013)

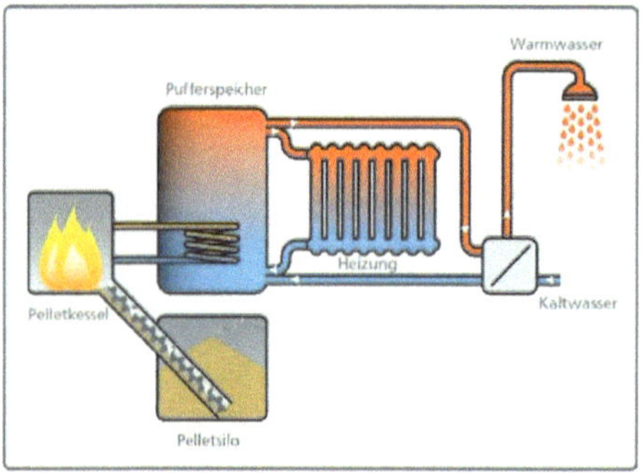

Abbildung 11: schematische Darstellung eines Pelletkessels

Eingesetzte Energieträger

Einzelfeuerungen (Kaminöfen) nutzen als Brennstoff häufig Stückholz oder Holzpellets während in Zentralfeuerungen Scheit- / Stückholz, Pellets oder Hackschnitzel verwendet werden.

Marktanteil, Markttrends und Entwicklungsperspektiven

2012 wurden ca. 30.000 zentrale Biomasse-Wärmeerzeugern verkauft, was einem Marktanteil von etwa 4 % entspricht (BDH 2012).Durch die Novellierung der Energieeinsparverordnung (EnEV) und die darin enthaltene günstige Bewertung von Holz als Brennstoff, könnte der Absatz der Holzfeuerungen gesteigert werden (Adolf, J. et al. 2013).

Möglichkeiten der Strom-Wärmekopplung

Da Holzfeuerungsanlagen zur Erzeugung thermischer Energie eingesetzt werden, bieten sie keine Möglichkeit zur zusätzlichen Stromerzeugung. Jedoch wird ein für den Betrieb von z. B. den automatischen Schneckensystemen zur Beschickung elektrische Energie benötigt.

Wirtschaftlichkeit

Während die Brennstoffkosten relativ gering sind, sind die Investitionskosten für Holzfeuerungsanlagen vergleichsweise hoch. So entstehen für die Modernisierung der Anlagentechnik nach (Adolf, J. et al. 2013) Investitionskosten für Holzvergaserkessel von ca. 15.000 € und für Pellet- und Hackschnitzelanlagen von ca. 16.000 € (beide mit indirekt beheiztem Speicher) für ein Ein- bis Zweifamilienhaus.

4.7 Zusammenfassung Technologiebeschreibung

Das Spektrum der gegenwärtig eingesetzten Heiztechnologien geht von solarthermischen Anlagen über elektrische Wärmepumpen bis zu Gas- und Öl-Brennwerttechnik.

Von diesen eignen sich einige zur Kopplung von Strom und Wärme besser als andere und einige überhaupt nicht. Abbildung 12 stellt anhand einer Woche im Juli im Szenarienjahr 2025 Einsatzoptionen verschiedener Technologien zur Kopplung von Strom und Wärme dar.

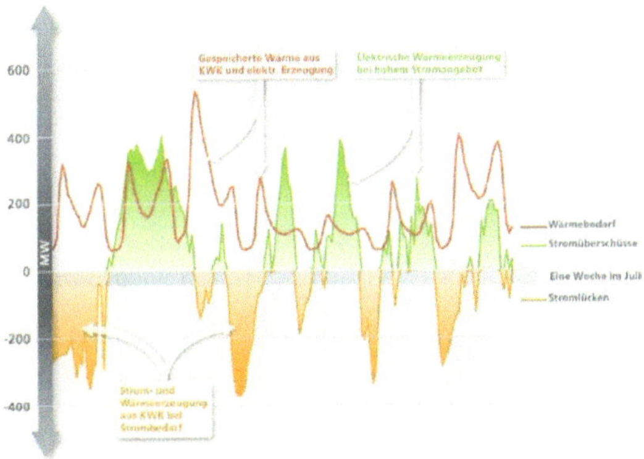

Abbildung 12: Optionen für die Kopplung von Strom und Wärme

Werden sowohl Strom als auch Wärme gebraucht, ist die geeignetste Technologie KWK. Besteht in beiden Sektoren Energiebedarf, geht hierdurch im optimalen Auslegungsfall keine Energie verloren. Falls mehr Stromüberschuss vorhanden ist als Wärme benötigt wird, kann die zusätzlich erzeugte Wärme zwischengespeichert und in Zeiten mit höherem Wärmebedarf verlagert werden. Ist mehr Stromüberschuss vorhanden als Wärme nachgefragt wird, kann dieser z. B. in Wärmepumpen dazu genutzt werden, Wärme zu erzeugen. Auch diese kann zwischengespeichert und in Zeiten mit höherem Wärmebedarf verlagert werden.

5 Potenzialanalyse

Eine zentrale Fragestellung der Studie ist, welche Potenziale die in der Region verfügbaren erneuerbaren Energien aufweisen und ob diese ausreichend sind, um 100 % des Wärmebedarfs der SUN-Region regenerativ zu decken.

Neben den in Kapitel 4 eingeschätzten Markttrends und Entwicklungsperspektiven der unterschiedlichen Wärmetechniken werden die technischen Potenziale der Wärmeerzeugung aus Biomasse, Solarthermie und EE-Strom ermittelt.

5.1 Potenziale Energieeinsparung

Neben den Potenzialen der regenerativen Wärmeerzeugung stellt das Potenzial zur Energieeinsparung einen wesentlichen Baustein für eine Energiewende dar. Die Einsparpotenziale im Wärmesektor wurden aufbauend auf den Annahmen der BMU Leitstudie 2011 (Nitsch, J. et al. 2012), nach denen bis 2050 eine bundesweite Absenkung des Endenergieverbrauchs für die Wärmeerzeugung um ca. 45 % bezogen auf 2011 realisierbar ist, ermittelt. Insbesondere in der Raumwärmebereitstellung liegen durch Maßnahmen wie der energetischen Sanierung im Bestand oder dem Einsatz von Fern- und Nahwärme aus Kraft-Wärme-Kopplung und Wärmepumpen erhebliche Effizienz- und Einsparungspotenziale. Eine Einsparung auf der Verbraucherseite hat zur Folge, dass weniger Wärme erzeugt werden muss. Die Einsparpotenziale werden daher bei den Potenzialen zur regenerativen Wärmeerzeugung miteinbezogen.

Laut der BMU-Leitstudie (Nitsch, J. et al. 2012) ergeben sich die für das Jahr 2050 interpolierten Werte für die Absenkung des bundesweiten Wärmebedarfs in den einzelnen Sektoren nach Tabelle 18. Die prozentualen Angaben beziehen sich auf das Referenzjahr 2011.

Tabelle 20: prozentuale Absenkung des Wärmebedarfs nach Sektoren und Anwendung für das Jahr 2050 nach (Nitsch, J. et al. 2012)

Sektor	Haushalte			GHD			Industrie		
Anwendung	RW[1] [%]	WW[1] [%]	PW[1] [%]	RW [%]	WW [%]	PW [%]	RW [%]	WW [%]	PW [%]
Jahr 2050	54,2	25,1	27,5	73,3	15,3	23,1	44,1	50	-[2]

Die prozentualen Angaben aus Tabelle 18 werden auf die absoluten Zahlen der Landkreise angewandt. Die Werte sind Tabelle 21 zu entnehmen. Hierdurch ergibt sich in Summe für die SUN-Region eine potenzielle Absenkung des Energiebedarfs von ca. 52 %.

[1] RW = Raumwärme, WW = Warmwasser, PW = Prozesswärme

[2] Industrielle Prozesswärme wird nicht berücksichtigt.

Tabelle 21: Absenkung des Wärmebedarfs in der SUN-Region in absoluten Zahlen

Anwendung	Raumwärme [GWh/a]		Warmwasser [GWh/a]		Prozesswärme [GWh/a]		Summe [GWh/a]	
Jahr Sektor	2011	2050	2011	2050	2011	2050	2011	2050
Haushalte	3878	1776	902	676	8	6	4787	2457
GHD	1437	384	181	154	205	158	1823	695
Industrie	316	177	37	18	-	-	353	195
alle Sektoren	5631	2336	1120	847	213	163	6963	3347

5.2 Potenziale Solarthermie

Die Wärmegewinnung über Solarthermie stellt vor allem im häuslichen und Niedertemperaturbereich eine wesentliche Wärmequelle dar. Die Potenziale wurden in eigenen Berechnungen ermittelt. Hierzu wurden mögliche Deckungsraten des Wärmebedarfs für das Jahr 2050 angenommen. Eine reine Trinkwarmwasser-Solaranlage besitzt typischerweise eine Deckungsrate von 60 % während eine zusätzlich heizungsunterstützend arbeitende Anlage bis ca. 20 % des Jahreswärmebedarfs decken kann. Bei der Ermittlung des Wärmebedarf für 2050 werden die Reduktionspotenziale aus der BMU-Leitstudie 2010 eingerechnet (Nitsch, J. et al. 2012). Die Prozesswärme im Haushalts- und GHD-Sektor wird nicht betrachtet, macht jedoch auch nur einen geringen Anteil von 5 % des Gesamtwärmebedarfs aus. Summiert man die Potenziale die sich aus dieser Abschätzung für die Gebietskörperschaften ergeben, so kommt man auf ein Solarthermie -Gesamtpotenzial für die SUN-Region von etwa 980 GWh. Ob dieses Potenzial auch flächenmäßig zur Verfügung steht, wird mit CORINE-Daten zu Siedlungs- und Gewerbeflächen überprüft (Umweltbundesamt 2013). Um Flächenkonkurrenz mit der Photovoltaik zu vermeiden, wird die in der vorangegangen Studie zum Strommarkt (Henke, K. et al. 2012) ermittelte, für PV-Anlagen benötigte Fläche von den insgesamt in der SUN-Region verfügbaren Dach- und Fassadenflächen abgezogen.

Eine Darstellung der Vorgehensweise findet sich in Tabelle 22. Die Werte beziehen sich auf die gesamte SUN-Region.

Tabelle 22: Vorgehensweise zur Potenzialermittlung Solarthermie

Ermittlung der Potenziale				
Anlagentyp	Kombisystem Raumwärme + Warmwasser		nur Warmwasser	
	Annahme	Ergebnis	Annahme	Ergebnis
Wärmebedarf 2050 [GWh/a]		2.336		847
Solare Deckungsrate [%]	20		60	
Potenziale Solarthermie [GWh/a]		467		509
Umrechnung auf benötigte Dachfläche				
Jahresnutzungsgrad Solarthermieanlage [%]	20		40	
benötigte Einstrahlung [GWh/a]		2.336		1.271
Einstrahlung SUN-Region, 45° [kWh/ m²/a]	1.120		1.120	
benötigte Fläche [m²]		2.085.866		1.134.971
Überprüfung: geeignete Dachflächen vorhanden?		✓		✓

Die kreisscharfen Potenziale sind Tabelle 23 zu entnehmen.

Tabelle 23: Solarthermiepotenziale der Gebietskörperschaften

Standort	Solarwärme für		
	Warmwasser [GWh/a]	Raumwärme [GWh/a]	Gesamt [GWh/a]
Stadt Kassel	163	132	295
Landkreis Kassel	153	148	300
Schwalm-Eder-Kreis	129	121	251
Werra-Meißner-Kreis	64	66	130
SUN-Region	509	467	976

5.3 Potenziale Bioenergie

Der Begriff Bioenergie umfasst die festen Brennstoffe wie Holz oder Grünabfall sowie die energetische Nutzung von gasförmiger und flüssiger Biomasse. Die Potenziale der flüssigen Biomasse, wie Biokraftstoffe wurden nicht mit eingerechnet, da hier eine Nutzung im Verkehrssektor als wahrscheinlich angesehen wird.

Die feste Biomasse lässt sich wie folgt in Pflanzenart bzw. Herkunft der Biomasse einteilen:

- Waldholz
- Biomasse aus Grünabfall
- Biomasse aus Landschaftspflege
- Biomasse aus Kurzumtriebsplantagen
- Stroh
- Miscanthus (auch als Chinaschilf bezeichnet)

Die gasförmige Biomasse, also Biogas, lässt sich in folgende Kategorien einteilen:

- Biogas aus nachwachsenden Rohstoffen (Nawaro)
- Biogas aus Bioabfall
- Klärgas
- Deponiegas

Die Potenziale für die Bioenergie in der SUN-Region wurden aus der Biomassepotenzialstudie Hessen (Raussen et al. 2008) übernommen. Hier sind genutzte und verbleibende Potenziale für alle oben aufgeführten Biomassetypen kreisscharf aufgeführt.

In der Studie wird bezüglich der festen Biomasse nur eine „energetische" Nutzung beschrieben, die Bereiche Strom und Wärme werden jedoch hierbei nicht getrennt. Das Verhältnis von elektrischer zu thermischer Nutzung im Bestand wird daher für die verbleibenden Potenziale ebenfalls angewandt. Die der Erzeugung von Strom zugeordnete Energiemenge wird somit von der Gesamtenergiemenge abgezogen, um die thermische Energie zu erhalten.

Die Summe aus genutztem und verbleibendem Potenzial für die thermische Nutzung von fester und gasförmiger Biomasse liegt in der SUN-Region bei ca. 1.630 GWh_{th} (Raussen et al. 2008).

Tabelle 24 führt die Potenziale der festen Biomasse einzeln nach Gebietskörperschaft und Typ auf. Genutztes und verbleibendes Potenzial ergeben in Summe etwa 1.420 GWh/a. Weitgehend ungenutzt, weist die Biomasse aus Kurzumtriebsplantagen (KUP), Stroh und Miscanthus noch große verbleibende Potenziale auf. In Summe kommt man hier auf 570 GWh_{th}. Auch die thermische Nutzung von Holz aus den Wäldern der SUN-Region kann um etwa ein Drittel der derzeitigen Nutzung weiter ausgebaut werden.

Tabelle 24: Summe aus verbleibenden und genutzten Potenzialen der biogenen Festbrennstoffe in der SUN-Region

Standort	Biomasse						
	Waldholz [GWh_{th}/a]	Grünabfall [GWh_{th}/a]	Land-schaftspflege [GWh_{th}/a]	Kurzumtriebs plantagen [GWh_{th}/a]	Stroh [GWh_{th}/a]	Miscanthus [GWh_{th}/a]	Summe [GWh_{th}/a]
Stadt Kassel	43	8	1	1	0	0	52
LK Kassel	245	16	6	58	106	27	458
LK Schwalm-Eder	213	20	8	80	152	37	510
LK Werra-Meißner	282	7	5	36	57	17	404
SUN-Region	782	50	20	175	314	82	1423

Das Gesamtpotenzial für die thermische Nutzung von Biogas liegt in der SUN-Region mit etwa 200 GWh deutlich niedriger als die Potenziale für biogene Festbrennstoffe. Die größten Potenziale liegen mit 180 GWh_{th} im Bereich Biogas aus Nawaro. Der weitere Ausbau der Nutzung von Biogas aus Abfall, Klärgas oder Deponiegas beschränkt sich auf ca. 13 GWh/a. Etwa 11 GWh/a werden derzeit schon thermisch genutzt. In Tabelle 25 sind die Biogaspotenziale aufgeschlüsselt nach Gebietskörperschaft und Rohstoffherkunft aufgeführt. Es handelt sich hierbei um die Summe aus genutztem und verbleibendem Potenzial.

Tabelle 25: Summe aus genutztem und verbleibendem Potenzial von Biogas in der SUN-Region

Standort	Nawaro [GWh_{th}/a]	Bioabfall [GWh_{th}/a]	Klärgas [GWh_{th}/a]	Deponiegas [GWh_{th}/a]	Summe [GWh_{th}/a]
Stadt Kassel	0	2	1	0	2
LK Kassel	57	6	0	2	65
LK Schwalm-Eder	83	2	1	3	89
LK Werra-Meißner	40	6	0	1	47
SUN-Region	180	15	3	7	204

Wie oben erwähnt, werden die Potenziale für flüssige Biokraftstoffe hier nicht berücksichtigt, um Konkurrenzen zum Verkehrssektor zu vermeiden. Der Einsatz von flüssigen biogenen Energieträgern wird im Bereich Verkehr als wahrscheinlicher angesehen.

5.4 Potenziale EE-Überschussstrom

Zur Ermittlung der Potenziale des EE-Überschussstroms wurden die räumlich und zeitlich aufgelösten Einspeisezeitreihen der Anlagen aus dem EEmax-Szenario den Verbrauchszeitreihen (siehe Kapitel 3.3 und 5.1 in (Henke, K. et al. 2012)) gegenübergestellt. Der PV-Anteil wurde dabei so reduziert, dass der Strom aus PV-Anlagen insgesamt 14 % des Stromverbrauchs (Ausgangsszenario) deckt, da die restlichen Flächen für die Ermittlung der Solarthermiepotenziale genutzt wurde.

Durch die Gegenüberstellung von Einspeise- und Verbrauchszeitreihe erhält man Stundenwerte der Stromüberschüsse in den einzelnen Gebietskörperschaften, die summiert den jährlichen EE-Überschussstrom ergeben. Eine Übersicht stellt Tabelle 26 dar.

Tabelle 26: Potenziale EE-Überschussstrom in den Gebietskörperschaften

	Stadt Kassel	LK Kassel	LK Schwalm-Eder	LK Werra-Meißner	SUN-Gebiet
[GWh/a]	0	1142	1000	10	2150

5.5 Zusammenfassung der Potenzialanalyse

Abbildung 13 stellt die Potenziale zur regenerativen Wärmeerzeugung in den einzelnen Gebietskörperschaften dar. In den Landkreisen Kassel und Schwalm-Eder ist das Potenzial ungefähr um den Faktor 1,5 höher als der Wärmeverbrauch, was sich durch den hohen EE-Überschussstrom und die Biomassewärme ergibt. Im Werra-Meißner-Kreis sind die Potenziale ebenfalls höher als der Verbrauch, jedoch gibt es hier nur geringen Überschussstrom, wodurch 15 % mehr Wärme erzeugt als verbraucht wird.

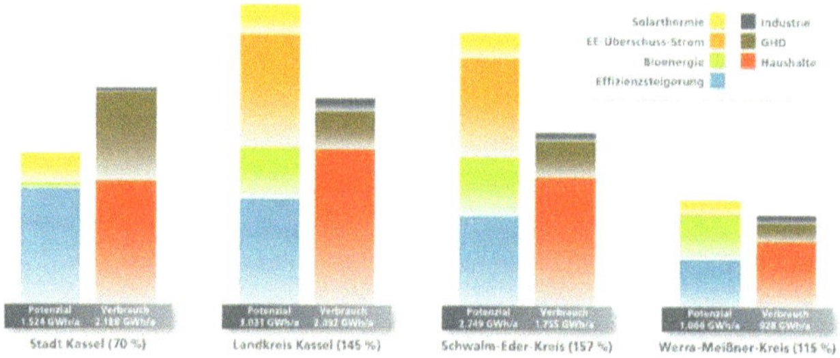

Abbildung 13: Potenziale zur Wärmeerzeugung in den Gebietskörperschaften

Abbildung 14 zeigt, dass rund 120 % des Wärmeverbrauchs regenerativ im SUN-Gebiet erzeugt werden können. Allerdings bleibt zu beachten, dass die industrielle Prozesswärme nicht mit betrachtet wurde. Zudem ist dies eine bilanzielle Gegenüberstellung, die die ganze Region summiert betrachtet. Da Wärme jedoch lokal erzeugt wird und der Transport über weite Strecken nicht sinnvoll ist, sollte diese auch lokal ausgeglichen werden.

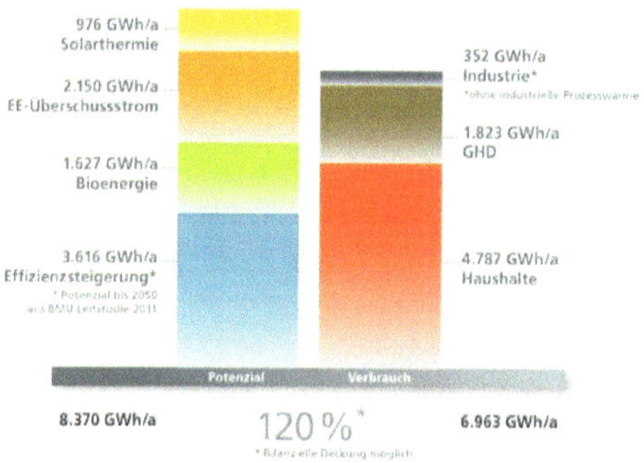

Abbildung 14: Potenziale zur Wärmeerzeugung im SUN-Gebiet

6 Szenarien zur Entwicklung der regionalen Wärmeversorgung

Für die Szenarienanalyse wurden zeitlich und räumlich hoch aufgelöste Zeitreihen erstellt, um detaillierte Untersuchungen hinsichtlich der Auswirkungen der Kopplung von Strom und Wärme vornehmen zu können.

6.1 Generierung der Zeitreihen

6.1.1 Windenergie

Die Einspeisezeitreihen der bestehenden Windenergieanlagen (WEA) wurden bereits in der Strommarktstudie (Henke, K. et al. 2012) erstellt. Um die zukünftige Windenergieeinspeisung möglichst realistisch abschätzen zu können, werden für die ersten beiden Szenarien die WEA in den Windeignungsgebieten (WEG) aus dem Teilregionalplan Energie für Nordhessen (RP Kassel 2013) platziert (s. Abbildung 15). Es wurden so viele WEA aus (Lütkehaus, I. et al. 2013) gewählt, dass ein Jahresenergieertrag von ca. 2,2 TWh im SUN-Gebiet erreicht wird. Dies entspricht dem Ausgangsszenario für das Jahr 2025 der Strommarktstudie (Henke, K. et al. 2012). Anschließend werden analog nach dem Vorgehen in (Henke, K. et al. 2012) die Einspeisezeitreihen generiert. Es liegen Zeitreihen für die 371 WEA im SUN-Gebiet für jede Stunde der Jahre 2007 bis inklusive 2012 vor.

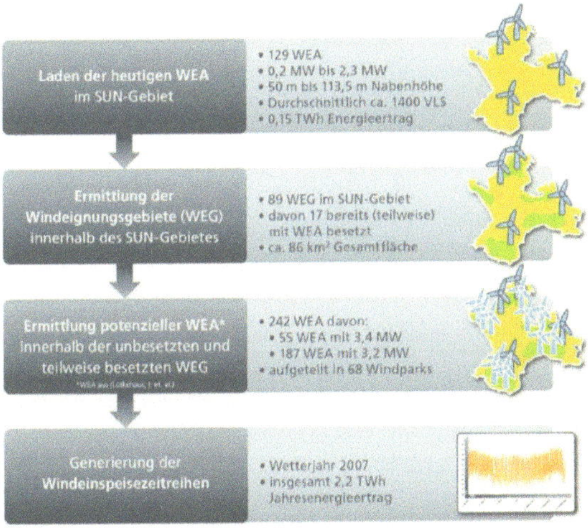

Abbildung 15: Erstellung des Windenergieszenarios

6.1.2 Solarthermie

Für die Simulation der Wärmeversorgung in der SUN-Region, wie sie in Kapitel 6.2 beschrieben wird, ist die Erstellung einer Solarthermie-Zeitreihe notwendig. In dieser Zeitreihe wird festgelegt, welche Menge an solar erzeugter Wärme zu bestimmten Zeitpunkten genutzt werden kann.

Die Zeitreihe wird über eine Simulation der Software TRNSYS und einer entsprechenden Nachbearbeitung der Ergebnisse erstellt. Im Folgenden wird das Verfahren genauer beschrieben. TRNSYS ist dabei ein umfangreiches Programm zur energetischen Simulation von Gebäuden und Anlagen.

Es gelten bei der Simulation folgende Rahmenbedingungen:

Simuliert wird eine Solarthermieanlage, die ausschließlich zur Warmwasserbereitstellung dient. Die Simulation einer zusätzlich heizungsunterstützenden Anlage ist deutlich komplexer, da nicht scharf trennbar ist, welcher Teil der Solarwärme in welchem Anwendungsbereich eingesetzt wird. Die Nutzung von Solarwärme ist über einen 300 l-Speicher an den Verbrauch gekoppelt. Simuliert wird eine typische Anlage für ein Einfamilienhauses (EFH), was einem TWW-Bedarf von ca. 120 l/d bei 60 °C und einer Kollektorfläche von 6 m² entspricht.

Eingangsgrößen sind dabei ein Profil für den Warmwasserbedarf sowie die von SODA zur Verfügung gestellten Globalstrahlungsdaten (Solar Radiation Data 2013) und Temperaturdaten aus dem COSMO-EU-Modell des Deutschen Wetterdienstes (Deutscher Wetterdienst 2013) von Kassel. Das Bedarfsprofil für Warmwasser wird mittels eines Profils, wie es in Kapitel 6.1.4 beschrieben ist, für die SUN-Region erzeugt. Dieses, über die Haushalte von Nordhessen geglättete Profil wird nun auf die Wärmemenge eines EFHs herabskaliert.

Ausgangsgrößen der Simulation sind Zeitreihen für den Nachheizbedarf und die bereitgestellte Solarwärme.

Da die Zeitreihe der Solarwärme der solaren Aufladung des Speichers entspricht, diese jedoch mit dem tatsächlichen Verbrauch dieser Solarwärme nicht identisch ist, ist eine Nachbearbeitung notwendig. Die Solarthermiezeitreihe, wie sie für die Simulation in Kapitel 6.2.3 verwendet wird, ergibt sich daher aus der Differenz zwischen Gesamtwarmwasserbedarf und einem über einen tagesgemittelten Faktor reduziertem Nachheizbedarf. Dieser reduzierte Nachheizbedarf wird über die genutzte Solarwärme berechnet.
Die hieraus resultierende Solarthermie-Zeitreihe für ein EFH kann entsprechend der installierten Gesamtkollektorfläche in der SUN-Region bzw. der definierten Kollektorfläche in den Szenarien hochskaliert werden. Bei dieser abschließenden Hochskalierung der Solarthermiezeitreihe ergeben sich keine übermäßigen Spitzen im Profil. Entsprechend dem geglätteten Wärmebedarfsprofil, welches als Eingangsgröße diente, ist somit ebenfalls die Solarthermiezeitreihe als Ausgangsgröße geglättet.

Tabelle 27 fasst die Vorgehensweise der Erstellung übersichtlich zusammen.

Tabelle 27: Vorgehensweise zur Generierung der Solarthermie-Zeitreihen

1. Solarthermiesimulation in TRNSYS	
Annahmen	reine Trinkwarmwasser-Anlage (TWW) typische Kollektorfläche für EFH: 6 m² TWW-Bedarf: 120 l/d Warmwassertemperatur: 60 °C TWW-Speicherkapazität: 300 l Kollektorneigung: 40° Süd
Input	Wetterdaten: Kassel (Temperatur +Solarstrahlung) Auf EFH skaliertes, geglättetes TWW-Bedarfsprofil
Simulation	Simulation der TWW-Bedarfs, solar erzeugte Wärme und Nachheizbedarf mit zeitl. Auflösung von 1 h
Output	Zeitreihe für Solarwärme (Q_{sol}) Zeitreihe Nachheizbedarf ($Q_{nachheiz}$)
2. Nachbearbeitung	

6.1.3 Wärmelast

Für die Sektoren Haushalte, Gewerbe-Handel-Dienstleistungen sowie Industrie wurden im Rahmen des Projektes zeitlich und räumlich aufgelöste Wärmelastgänge für den Raumwärme- und Trinkwarmwasserbedarf erstellt. Die Vorgehensweise hierzu sei nachfolgend kurz erläutert.

Raumwärmeprofil

Die räumliche Auflösung zur Erzeugung der Raumwärmeprofile orientiert sich am COSMO-EU-Raster des Deutschen Wetterdienstes mit einer Maschenweite von 7x7 km. Für dieses Raster liegen historische Daten zum Temperaturgang (2 m Höhe) und zur Globalstrahlung für 2006-2011 in stündlicher Auflösung sowie Bevölkerungszahlen vor.

Um aus diesen Daten räumlich und stündlich aufgelöste Wärmebedarfsprofile zu erstellen, wurde am Fraunhofer IWES das erweiterte Heizgradtagverfahren entwickelt. Während beim Verfahren ‚Heizgradtage' nach VDI 3807 die Differenz von Heizgrenztemperatur und tagesmittlerer Außentemperatur zur Abschätzung des Heizbedarfs eines Gebäudes an einem bestimmten Ort für einen bestimmten Tag herangezogen wird, so geht beim erweiterten Verfahren der gleitende Mittelwert der Außentemperatur in die Berechnung ein, wodurch stündlich variable Wärmelastgänge statt der bisherigen Tagesbänder erzeugt werden. Zusätzlich werden mithilfe der Globalstrahlung und der Gebäudegeometrie die direkten und indirekten solaren Gebäudegewinne berechnet und hierüber die Heizgrenztemperatur stündlich moduliert. Eine weitere Abwandlung besteht darin, das tageszeit- und wochentagsabhängige Verbrauchsverhalten der Bewohner/Nutzer zu berücksichtigen und die Raumsolltemperatur entsprechend einem vorgegebenen empirischen Verbrauchsprofil zu variieren, so dass die sektortypischen Tagescharakteristika entstehen (z. B. Haushalte: Morgenspitze, Mittagsabsenkung, Abendspitze und Nachtabsenkung). Diese Verbrauchsprofile wurden für die Sektoren Haushalte und GHD aus den Wochentagsprofilen des Bundesverband der Energie- und Wasserwirtschaft e.V. (BDEW) für den Gasverbrauch für Ein- und Mehrfamilienhäuser und GHD gewonnen, für Industrie entsprechend aus dem Strom-Standardlastprofil G3 (Gewerbe durchlaufend) des BDEW.

Die hieraus entstehende räumlich und zeitlich aufgelöste Wärmebedarfsmatrix für die Raumwärme für eine bestimmte Heizgrenztemperatur der SUN-Region wird anschließend mit der Bevölkerungsdichte rasterscharf gewichtet und auf die vorgegebene (Ziel-)Energiemenge skaliert und so in ein absolutes Wärmeprofil umgewandelt (Top-down-Ansatz).

In Abbildung 16 sind für die Heizgrenztemperaturen 14 °C und 11 °C entsprechend den Gebäudetypen Altbau saniert und Neubau (KfW-Effizienzhaus 55) für das Wetterjahr 2007 die normierten Raumwärmeprofile exemplarisch gegenübergestellt.

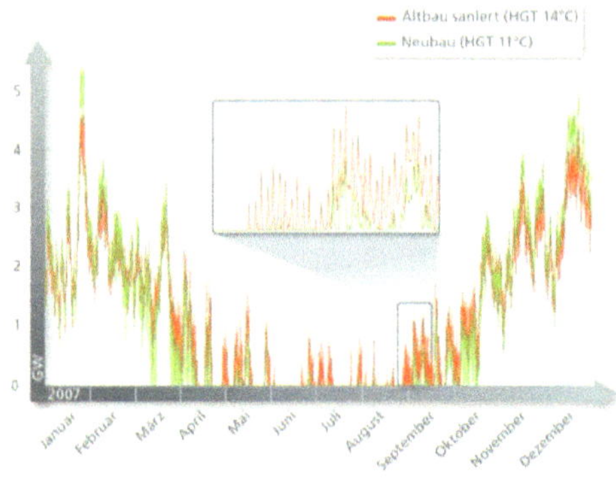

Abbildung 16: Simulierte Norm-Raumwärmebedarfsprofile für Altbau saniert und Neubau für das Wetterjahr 2007 und die SUN-Region mit Detailausschnitt.

Trinkwarmwasser

Für die Simulation des Trinkwarmwasserbedarfes der SUN-Region für die einzelnen Sektoren werden ebenfalls die voran beschriebenen empirischen Verbrauchsprofile herangezogen (Haushalte/GHD: Gasverbrauch des BDEW; Industrie: Standardlastprofil G3 des BDEW). Dem Jahresgang des Trinkwarmwasser-Bedarfs wird darüber hinaus ein sinusförmiger Verlauf zwischen Sommer und Winter überlagert (Winter höher, Sommer geringer), welcher zum einen den Jahresgang der Kaltwassertemperatur (Temperaturdifferenz zur Solltemperatur) und zum anderen Unterschiede im Verbrauchsverhalten der Nutzer zu verschiedenen Jahreszeiten abbilden soll.

Das Trinkwarmwasser-Profil wird anschließend für alle COSMO-EU-Rasterflächen mit der Bevölkerungsdichte gewichtet und auf die vorgegebene (Ziel)-Energiemenge skaliert und damit in ein absolutes Wärmeprofil überführt.

In Abbildung 17 ist für das Referenzjahr 2007 für den Bereich GHD das normierte Trinkwarmwasserprofil exemplarisch dargestellt.

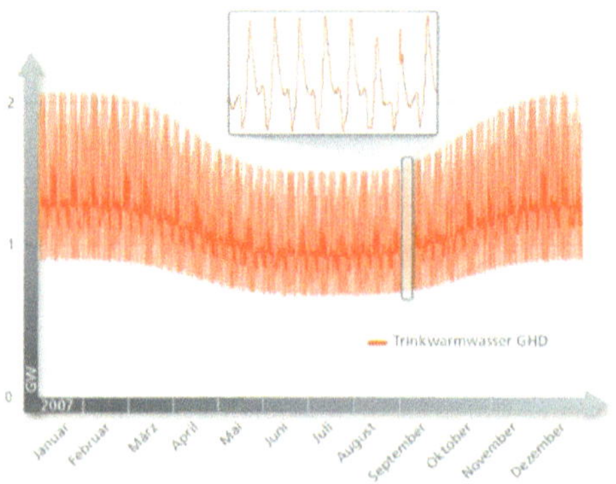

Abbildung 17: Normprofil des Trinkwarmwasserbedarfs für GHD für das Jahr 2007 mit Detailausschnitt

Prozesswärme

Für die Haushalte in Deutschland ist der Anteil der Prozesswärme (Backen, Kochen, Fönen, etc.) am Gesamtwärmebedarf mit 6 % gering und wird daher aufgrund des kurzfristig hohen Leistungs- und Temperaturbedarfs in der Regel durch direkten Strombezug gedeckt. Im GHD-Bereich liegt dieser Anteil bei 15 %. Die Prozesswärmeprofile im Haushalts und GHD-Bereich werden unter der Annahme simuliert, dass sie den Profilen des Warmwasserbedarfes gleichen. Der Prozesswärmelastgang im Industriebereich wird für die weiteren Untersuchungen vernachlässigt.

Validierung

Zur Validierung der simulierten Wärmelastgänge wurden die historischen Jahre 2006 bis 2011 herangezogen, für welche von den Städtischen Werken Kassel Einspeisezeitreihen ins Fernwärmenetz zur Verfügung gestellt wurden. Für diese Jahre wurden aus den Einzelprofilen der Sektoren Haushalte, GHD und Industrie Gesamtwärmeprofile erzeugt und auf dieselbe Energiemenge des Fernwärmelastganges skaliert. Das Ergebnis dieser Gegenüberstellung ist für das Jahr 2010 in Abbildung 18 dargestellt. Für die Jahre 2006 bis 2011 ergibt sich dabei ein sehr hoher Korrelationskoeffizient zwischen bestehendem Lastgang und Simulation von 0,969. Der normierte RMSE (root mean square error = Wurzel des mittleren quadratischen Schätzfehlers) für die Wärmelastsimulation liegt bei 5,98 %.

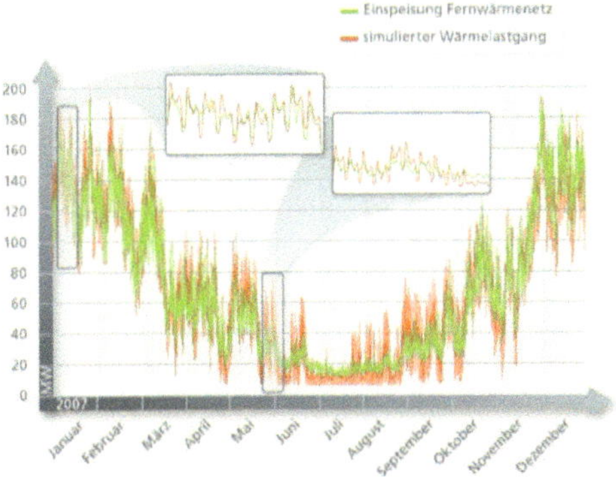

Abbildung 18: Validierung der Wärmelastgänge: Einspeisung ins Fernwärmenetz der Städtischen Werke Kassel im Vergleich mit dem simulierten Wärmelastgang für Kassel für das Jahr 2010 (Skalierung auf gleiche Jahresenergie) mit Detailausschnitten.

6.1.4 Strombedarf der Wärmepumpe

Die Zeitreihe für den Strombedarf der Wärmepumpen wird auf Basis des Wärmebedarfsprofils aus Kapitel 6.1.3 erstellt. Die Wärme wird dabei durch die Wärmepumpen simultan zur aktuellen Nachfrage bereitgestellt.

In die Simulation der Szenarien werden unterschiedliche Wärmelastprofile eingelesen. Es wird auf der einen Seite unterschieden nach Anwendung; so weicht das Warmwasserbedarfsprofil von dem für Raumwärme ab. Auf der anderen Seite werden diese beiden Profile unterschiedlich skaliert, je nach Ausbau der Wärmepumpentechnologie im jeweiligen Szenario.

Es wird für die Simulation die Technologie der Luft-Wärmepumpe angenommen, so dass die Leistungszahl, der Coefficient of Performance (COP), sowohl von der

Anwendungstemperatur (T_{Nutz}) für Warmwasser bzw. Raumwärme als auch von der Außentemperatur ($T_{außen}$) abhängt.

Der ideale COP wird über die Carnot-Gleichung berechnet:

$$COP_{ideal}(t) = \frac{T_{Nutz}(t)}{T_{Nutz}(t) - T_{außen}(t)} \quad (1)$$

Der ideale COP wird über einen Gütegrad an reale Bedingungen angepasst. Der Gütegrad für Luft-Wärmepumpen liegt nach (Zogg 2009) bei etwa $\eta = 0,35$.

$$COP_{real}(t) = COP_{ideal}(t) * \eta \quad (2)$$

Die Solltemperatur für Warmwasseranwendungen wird auf 60 °C definiert, während die Solltemperatur für die Anwendung im Raumwärmebereich auf 40 °C gesetzt wird. Für moderne Heizungssysteme, wie Fußbodenheizungen, die typischerweise im Neubau oder sanierten Altbau in Kombination mit einer Wärmepumpe eingesetzt werden, ist diese relativ niedrige Heizkreisvorlauftemperatur typisch.

Eine Division des Wärmebedarfs durch den COP führt auf den Strombedarf der Wärmepumpen. Beide Größen liegen in stündlicher Auflösung vor. Mit den Temperaturdaten von Kassel, den erstellten Wärmelastprofilen aus Kapitel 6.1.3, den definierten Anwendungstemperaturen und dem Gütegrad ergibt sich so ein Jahresnutzungsgrad von etwa 2,7.

6.2 EE-Ausbauszenarien

Um zukünftige Entwicklungsmöglichkeiten der regionalen Wärmeversorgung aufzuzeigen, wurden drei Szenarien mit unterschiedlichen Annahmen zum EE-Ausbau definiert:

1. Business as usual (Bau)
2. Beschleunigter Ausbau der erneuerbaren Energien
3. Maximaler Ausbau von Wärmepumpen (WPmax)

Die drei Szenarien werden anschließend hinsichtlich ihrer EE-Anteile an der Wärmeversorgung und der Auswirkungen auf den Strom- und Wärmebereich analysiert und verglichen. Die Rückwirkung auf den Stromsektor wird im letzten Szenario (WPmax) aufbauend auf einer Zeitreihenanalyse untersucht.

In den ersten beiden Szenarien wird hauptsächlich die Entwicklung der regionalen Wärmeversorgung der SUN-Region in den Jahren 2011 bis 2025 untersucht. Mittels für jedes Szenario definierten Modernisierungsraten bei Wärmeerzeugern konnte so eine gewisse Änderung in der Zusammenstellung der eingesetzten Energieträger verfolgt werden.

Im letzten Szenario wird schon von einem bestimmten Zielzustand der Wärmeversorgung ausgegangen. Der gesamte Gebäudebestand soll in diesem Szenario wärmesaniert sein; die Wärme soll dabei ausschließlich über Wärmepumpen bereitgestellt werden. Hier wird insbesondere die Rückwirkung der Wärmeversorgung über Wärmepumpen auf den Stromsektor analysiert.

6.2.1 Business as usual (Bau)

Allgemeine Vorgehensweise

Den Untersuchungen der ersten beiden Szenarien liegen folgende Annahmen zugrunde:

1. Über Gebäudesanierung und weitere Maßnahmen werden die Einsparpotentiale aus der Leitstudie 2011 (Nitsch, J. et al. 2012) für das Jahr 2025 erreicht. Um die diese Einsparziele umzusetzen, muss der Wärmebedarf um 1,4 % pro Jahr sinken

(bezogen auf den Wärmebedarf des Referenzjahres 2011). Bis 2025 werden so in allen Szenarien ca. 21 % weniger Wärme benötigt. Diese Reduktion der Gesamtwärme wird auf die fossilen Energieträger verteilt, da von einem Erzeugervorrang der erneuerbaren Energien ausgegangen wird.
2. Die Modernisierungsrate bezieht sich auf die erzeugte Wärmemenge statt auf eine Anlagen-Stückzahl. Hierbei umgeht man das Problem, dass verschiedene Anlagen unterschiedliche Leistungen besitzen und unterschiedliche Wärmemengen bereitstellen. Es wird im Prinzip von einer gemittelten Wärmemenge pro Anlage ausgegangen.
3. Bei der Modernisierung von Wärmeerzeugern werden ausschließlich dezentrale Erdgas-, Öl- und elektrische Heizsysteme ersetzt. Dies entspricht 82 % der derzeitigen Wärmeversorgung. Wärmeerzeuger, die auf erneuerbaren Energien beruhen, werden nicht ersetzt. Es wird davon ausgegangen, dass diese erst kürzlich installiert wurden.
4. Die Verteilung der „Altanlagenersetzung" auf die Energieträger erfolgt über deren prozentuale Anteile an der Wärmeversorgung. Beispielsweise ersetzt ca. jede zweite, neu installierte Anlage einen Erdgaswärmeerzeuger, da der Erdgasanteil an der bestehenden Wärmeversorgung etwa 50 % beträgt.
5. Heizkraftwerke und Heizwerke der Energie und Wärme GmbH bzw. MHKW GmbH werden bis 2025 mit der ermittelten Wärmeerzeugung aus der Bestandsanalyse weiter betrieben. Mögliche Veränderungen im Heiz(kraft)werkspark werden nicht berücksichtigt.

Beschreibung der Rahmenbedingungen

Im Business-as-usual-Szenario werden Markttrends, technologische Entwicklungen und die Modernisierungsraten für Heizsysteme aus der Vergangenheit für die zukünftige Entwicklung fortgeschrieben. Konkrete Zahlen können aus (Adolf, J. et al. 2013) übernommen werden. Demnach wird bundesweit, für das Referenzjahr 2011, etwa 3 % der Wärmeerzeuger jährlich erneuert. Die Verteilung der Neugeräte auf die Energieträger sieht wie folgt aus:

- Dezentrale Gasfeuerungsstätten: 75,0 %
- Dezentrale Ölfeuerungsstätten: 13,1 %
- Biomasseanlagen (z. B. Scheitholz- und Pelletofen, Holzvergaser, etc.): 2,9 %
- Wärmepumpen: 9,0 %

Solarthermieanlagen werden nur in Kombination mit einem weiteren Wärmeerzeuger installiert. Die solar bereitgestellte Wärme reduziert somit die von der Nachheizung erzeugte Wärmemenge. Zur Ermittlung der jährlich installierten Kollektorfläche kann auf kreisscharfe Daten des BAFA zurückgegriffen werden. In der SUN-Region wurden im Referenzjahr 2011 eine Gesamtkollektorfläche von etwa 4.850 m² errichtet. Im Vergleich zu den vorangegangenen Jahren ist diese Fläche sehr gering (vgl. 2009: ca.22.000 m²). Die neuinstallierte Kollektorfläche wird über geeignete Faktoren in eine Wärmemenge umgerechnet.

Umrechnung Fläche in Leistung: 0,7 kW/m²

Umrechnung Leistung in Wärmemenge: 547[1] h/a (Volllaststunden)

Die solarthermische bereitgestellte und genutzte Wärmemenge beträgt somit 1860 MWh/a.

[1] Der Wert für die Volllaststunden ergibt sich aus der tatsächlich genutzten Wärme aus der erstellten Solarthermie-Zeitreihe, siehe Kapitel 6.1.2

Ergebnisse des Bau-Szenarios

Bleiben Modernisierungsrate der Wärmeerzeuger und Energieträger-Verteilung der neu installierten Geräte unverändert wie im Referenzjahr 2011, so bleibt vor allem eines festzustellen: Die Veränderungen im Wärmesektor bis 2025 bleiben überschaubar. Tabelle 28 gibt einen Überblick über die Zusammensetzung der Wärmeversorgung. Die prozentuale Aufteilung bezieht sich jeweils auf die bereitgestellte Wärmemenge.

Die Wärmebereitstellung mittels Erdgas besitzt unter den Neuanlagen einen relativ großen Anteil von 75 %, somit steigt der Anteil an der Gesamtwärmeversorgung von 52 % auf 55 %. Die lediglich moderate Steigerung lässt sich durch einen ebenfalls großen Ersatz von Gasfeuerungs-Altanlagen erklären. Da die Anzahl an Neuinstallation von mit Öl-betriebenen Anlagen relativ gering ausfällt (13,1 %), hat hier der Ersatz von Altanlagen ein größeres Gewicht als die Neuinstallation. Dies führt zu einer Verringerung des Öl-Anteils von 27,9 % auf 19,7 % an der Wärmeversorgung. Unter den Erneuerbaren Energien erhöhen die wärmepumpen- und biomassebasierten Wärmeerzeuger ihren Anteil um je etwa 3 Prozentpunkte. Im Bereich Umweltwärme resultiert das in Erhöhung des Anteils um den Faktor 11, während der Anteil der Biomasse um den Faktor 1,4 steigt. Die Solarthermie verdoppelt ihren Anteil auf 1,3 %.

Die erneuerbaren Energien könnten so ihren Anteil von 10 % auf 17 % erhöhen, während der Selbstversorgungsanteil (SVA , EE + Müll,) von 12 % auf 20 % gesteigert werden kann.

Tabelle 28: Anteile der Energieträger im Referenz- und Szenariojahr (Bau-Szenario)

		2011		2025	
	Wärmemenge [GWh/a]	6.963		5.480	
Energieträger [%]	Umweltwärme	0,3	EE-Anteil: 17 % (Umweltwärme, Sonne, Biomasse)	3,3	SVA: 20 % (Umweltwärme, Sonne, Biomasse, Müll)
	Sonne	0,6		1,3	
	Biomasse	9,2		12,9	
	Müll	2,3		2,9	
	Strom	4,6		2,6	
	Öl	27,9		19,7	
	Kohle	2,6		2,5	
	Erdgas	52,5		54,9	

Zusätzlich wird eine Analyse der Zeitreihen für das Szenariojahr 2025 zur Überprüfung der Gleichzeitigkeit zwischen Stromüberschuss und Wärmebedarf durchgeführt. Hierbei werden die Stromüberschüsse - also die regenerative Stromerzeugung abzüglich des momentanen Strombedarfs - aus dem Ausgangsszenario der vorangegangenen Strommarktstudie (Henke, K. et al. 2012) dem Strombedarf der Wärmepumpen gegenübergestellt. Wärmepumpen werden dabei zur Erzeugung von Wärme in allen Anwendungsbereichen (Raumwärme, Warmwasser, Prozesswärme) eingesetzt. Hierzu werden unterschiedliche Wärmebedarfsprofile angewandt.

Abbildung 19 ordnet die einzelnen Zustände in bestimmte Flächen des Diagrammes ein. Der Strombedarf der Wärmepumpen ist dabei auf der Y-Achse, die Stromüberschüsse (und –lücken) auf der X-Achse aufgetragen. Jeder abgebildete Punkt bildet den Zustand einer bestimmten Stunde des Jahres ab.

Der markierte Bereich im rechten Teil der Abbildung stellt den Zustand dar, in dem die Stromüberschüsse genügen, um den Wärmebedarf zu decken. Dies ist in 32,6 % der Stunden im Jahr der Fall. Die Punkte in der Fläche zwischen Y-Achse und markiertem Bereich kennzeichnen die Stunden, in denen zwar Stromüberschüsse vorhanden sind, diese aber nur unterstützend statt bedarfsdeckend im Wärmesektor eingesetzt werden können (1,2 % der Stunden im Jahr). Im 2. Quadranten, links der Y-Achse, liegen Punkte, die Zustände ohne EE-Überschussstrom abbilden. Die Wärmepumpen können also nicht mit regenerativem Strom aus der Region betrieben werden. Der Strom muss hier konventionell erzeugt oder importiert werden.

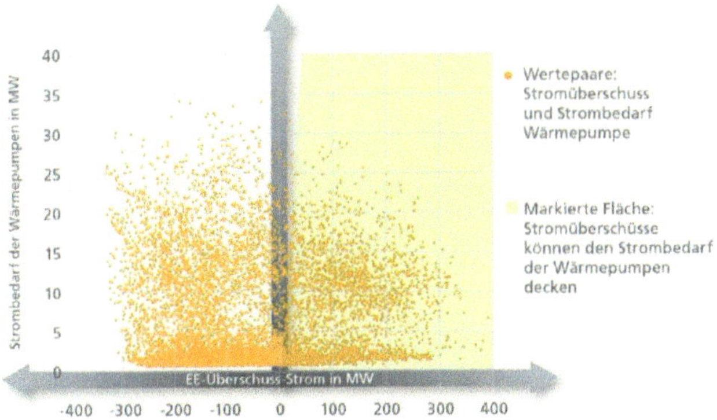

Abbildung 19: Wärmepumpen-Strombedarf über EE-Stromüberschuss aufgetragen (Bau-Szenario)

Man kann aus dem Bau-Szenario resümieren, dass bei einer Fortschreibung der aktuellen Heizungsaustauschraten und der dabei bevorzugten Technologien eine zügige Transformation zu einer überwiegend erneuerbaren Energieversorgung nicht gelingen wird.

6.2.2 Beschleunigter Ausbau der erneuerbaren Energien

Beschreibung der Rahmenbedingungen

Das Szenario zum beschleunigten Ausbau der erneuerbaren Energien in der Wärmeversorgung baut auf dem ersten Szenario (Business as usual) auf. Die Modernisierungsrate der Wärmeerzeuger wird jedoch von 3 % auf 5 % erhöht und die Aufteilung der Energieträger unter den Neuinstallationen Richtung EE verschoben. Daraus folgt eine Modernisierungsrate von 5 %. Die Neuinstallation wird wie folgt aufgeteilt:

- Dezentrale Gasfeuerungsstätten: 64,9 %
- Dezentrale Ölfeuerungsstätten: 11,3 %
- Biomasseanlagen: 5,8 %
- Wärmepumpen: 18,0 %

Die prozentualen Anteile der EE-Technologien werden dabei in Bezug auf ihren Anteil im ersten Szenario verdoppelt. Die Prozentpunkte, um die sich die erneuerbaren Energien somit erhöhen, werden bei Gas- und Öl-Neugeräten gemäß ihrer Verteilung abgezogen. Eine Verdopplung der Prozentsätze der erneuerbaren Energien in Kombination mit einer erhöhten Gesamtaustauschrate von Heizgeräten resultiert in einer Erhöhung der absoluten Neuinstallationen von Wärmepumpen und Biomasseanlagen um den Faktor 3,3.

Somit wird ebenfalls die installierte Solarthermie-Kollektorfläche um den Faktor 3,3 in Relation zum Bau-Szenario erhöht. Dies ergibt eine neuinstallierte Solarthermieleistung von etwa 11.300 kW, was einer Wärmemenge von ca. 6.200 MWh im Jahr entspricht. Die Umrechnung erfolgt wie im Bau-Szenario beschrieben.

Ergebnisse des Szenarios Beschleunigter EE-Ausbau

Erhöht man die Modernisierungsrate und die Anteile der erneuerbaren Energien unter den Neugeräten, so stellt sich heraus, dass auch in diesem Szenario der Umbau der Wärmeversorgung nur zögernd voran geht. Im Jahr 2025 könnte ein Anteil von erneuerbaren Energien an der Wärmeversorgung von 28 % erreicht werden. Unter Einbeziehung der Wärme aus Müll kommt man auf einen Selbstversorgungsanteil (SVA) von rund 30 %. Tabelle 29 gibt einen Überblick über die Entwicklung der Wärmeversorgung im Szenario „Beschleunigter Ausbau der erneuerbaren Energien".

Während die Nutzung von Umweltwärme (über Wärmepumpen) in diesem Szenario einen großen Sprung von 0,3 % auf 10,1 % macht, ist der Anstieg der Biomassenutzung im Vergleich zum Referenzjahr relativ moderat von 9,2 % auf 15,9 %. Die Solarthermie erreicht einen Anteil von 2,2 % an der Wärmeversorgung im Jahr 2025. Während sich der Anteil der Ölfeuerungsanlagen ungefähr halbiert, bleibt der Gasanteil konstant. Wie weiter oben erwähnt, wird auch in diesem Szenario von einer Energieeinsparung im Wärmebereich von ca. 21 % bis 2025 ausgegangen.

Tabelle 29: Anteile der Energieträger im Referenz- und Szenariojahr (beschl. EE-Ausbau)

		2011		2025	
	Wärmemenge [GWh/a]	6.963		5.480	
Energieträger [%]	Umweltwärme	0,3	EE-Anteil: 28 %	10,1	SVA: 30 %
	Sonne	0,6		2,2	
	Biomasse	9,2		15,9	
	Müll	2,3		2,9	
	Strom	4,6		1,3	
	Öl	27,9		13,9	
	Kohle	2,6		2,4	
	Erdgas	52,5		51,3	

Analog zum ersten Szenario wird auch hier die Gleichzeitigkeit zwischen Strombedarf der Wärmepumpen und Überangebot an Strom aus erneuerbaren Energien geprüft. In Abbildung 20 sind die Wertepaare des Strombedarfs der Wärmepumpen und Stromüberschuss aus erneuerbaren Energien für jede einzelne Stunde im Jahr aufgetragen. In 30 % der Stunden im Jahr kann hierbei die Stromnachfrage der Wärmepumpe durch die EE-Stromüberschüsse gedeckt werden. In 3,8 % der Fälle sind zwar Überschüsse aus Wind- und Solarkraftanlagen vorhanden, diese können jedoch die Stromnachfrage der Wärmepumpen nur zum Teil decken. Unverändert bleibt die Zahl der Stunden ohne Überschüsse, da die Stromzeitreihe wie im Business-as-usual-Szenario auch aus dem Ausgangsszenario der Strommarktstudie (Henke, K. et al. 2012) stammt. Der Anteil der Stunden im Jahr ohne Überschüsse beträgt 66,2 %.

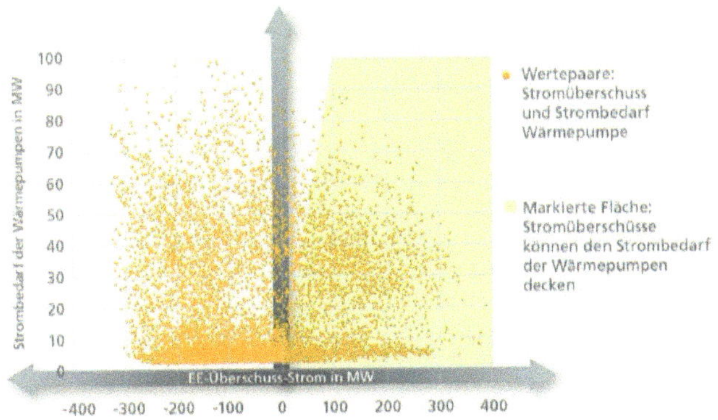

Abbildung 20: Wärmepumpen-Strombedarf über EE-Stromüberschuss aufgetragen (Szenario beschl. EE-Ausbau)

6.2.3 Maximaler Ausbau von Wärmepumpen (WPmax)

Beschreibung der Rahmenbedingungen

Im dritten Szenario wird im Unterschied zu den ersten beiden Szenarien von einem vordefinierten Zielzustand ausgegangen. Hier ist nicht die Entwicklung des Wärmemarktes über einen gewissen Zeitraum von Interesse, sondern die Rückwirkungen der Wärmeversorgung auf den Stromsektor, wenn der Bedarf an Wärme in der SUN Region ausschließlich über Wärmepumpen gedeckt wird.

Grundlage bildet die Annahme, dass zu einem unbestimmten Zeitpunkt in der Zukunft der gesamte Gebäudebestand wärmegedämmt ist. Bei derzeitiger Sanierungs- und Neubaurate wird dieser Zustand erst ungefähr im Jahr 2075 erreicht (Diefenbach, N. et al. 2010). Die Sanierung des Altbestandes sowie die Errichtung von Neubauten mit guten Dämmstandards führen zu einer erheblichen Reduzierung des Heizwärmebedarfs. Rechnet man die Energieeinsparpotentiale für den Warmwasserbereich so ergibt sich eine Effizienzsteigerung von ca. 50 %, entsprechend den Zielen der BMU-Leitstudie (Nitsch, J. et al. 2012).

Die Zeitreihe für den Wärmebedarf in diesem Szenario wird der Zeitreihe aus dem EEmax-Szenario der Strommarktstudie (Henke, K. et al. 2012) gegenübergestellt. Es wird somit der maximale Ausbau von Wärmepumpen auf der Wärmeseite mit dem maximalen Ausbau der erneuerbaren Energien auf der Stromseite kombiniert.

Wie in den anderen Szenarien wird auch hier analysiert, aus welchen Quellen der Strom stammt, mit dem die Wärmepumpen betrieben werden.

Ergebnisse des WPmax-Szenarios

Die Analyse ergibt, dass sich die Wärmeversorgung in diesem Szenario in die Bestandteile Umweltwärme (63 %), regenerativ erzeugter (14 %) und konventionell erzeugter Strom (23 %) aufteilt. Somit stammt zwar etwa 77 % der Energie, die über Wärmepumpen erzeugt wird aus regenerativen Quellen (Umweltwärme + EE -Strom), der verbleibende Anteil muss aber dennoch über regelbare, konventionelle Kraftwerke gedeckt werden. Abbildung 21 veranschaulicht die Zusammensetzung der Wärmeversorgung im Szenario WPmax sowie im Referenzjahr 2011.

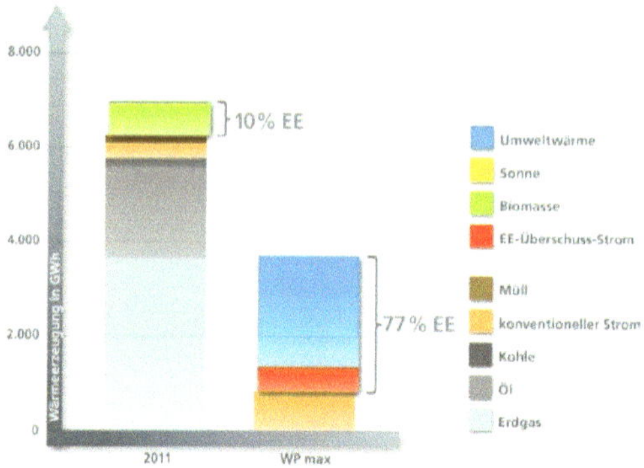

Abbildung 21: Zusammensetzung der Energieträger im WPmax-Szenario

Die Analyse der zeitlichen Verfügbarkeit von Strom aus erneuerbaren Energien im Vergleich zum Strombedarf der Wärmepumpen ergibt folgende Aufteilung: in 33 % der Jahresstunden können die Wärmepumpen mit ausschließlich EE-Strom betrieben werden. In 12 % der Stunden liegt zwar ein Stromüberschuss vor, dieser reicht aber nicht zur vollen Deckung des Bedarfs aus. In 55 % der Stunden ist kein Überschuss an Strom aus erneuerbaren Energien vorhanden. Abbildung 22 bildet die einzelnen Zustände für jede Stunde im Jahr ab. Summiert man die Energie, die in den jeweiligen Zustandspunkten im ersten Quadranten rechts der Y-Achse durch EE im Strombereich zur Verfügung steht, so ergeben sich etwa 500 GWh, die den oben genannten 14 % EE-Strom-Anteil an der Wärmeversorgung entsprechen. Ca. 840 GWh Strom müssen weiterhin konventionell erzeugt oder importiert werden, was den 23 % der Gesamtwärmemenge entspricht.

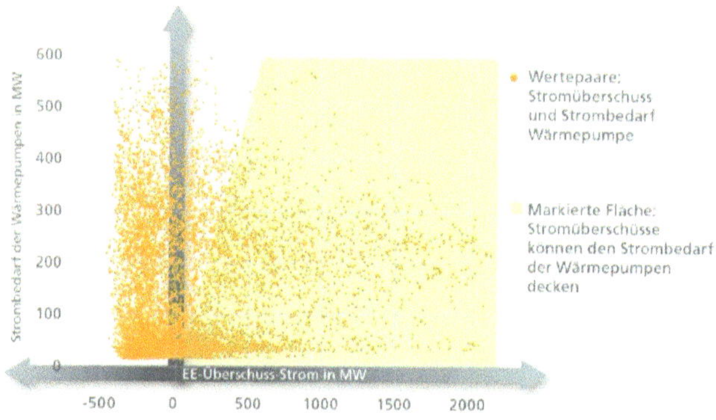

Abbildung 22: Wärmepumpen-Strombedarf über EE-Stromüberschuss aufgetragen (WPmax-Szenario)

Zusätzlich muss aufgrund der Wärmepumpen mit einer deutlich höheren Spitzenlast gerechnet werden: An sonnen- und windarmen, sehr kalten Tagen im Winter müssen die Gebäude dennoch beheizt werden, so dass sich die maximale Stromlücke in der SUN-Region auf ca. 1.000 MW_{el} verdoppelt. Die Energie in diesen Spitzenlastzeiten muss über gut regelbare, konventionelle Kraftwerke gedeckt werden, die Reserveleistung des Energieversorgers müsste somit deutlich steigen. Es ergeben sich ebenfalls deutlich erhöhte Anforderungen an das Stromnetz, da höhere Leistungen transportiert werden müssen. Umgekehrt besteht an sonnen- und windreichen, etwas wärmeren Tagen geringer bis kein Heizbedarf und entsprechend geringer bzw. kein Strombedarf der Wärmepumpen. Die maximalen Stromüberschüsse durch fluktuierende Energien verringern sich daher nach den Simulationsergebnissen um lediglich ca. 6 %. Ein Verbund des Strom- und Wärmesektors, z.B. über Wärmepumpen, trägt in diesem Szenario nur minimal zur Entlastung der Netze und Verringerung der Stromexporte über den regionalen Abbau von Stromeinspeisespitzen bei. Abbildung 22 verdeutlicht diesen Zusammenhang und stellt die Zeitreihe der Stromüberschüsse und -lücken, sowie die Zeitreihe der Stromüberschüsse und –lücken abzüglich des Strombedarfs der Wärmepumpen für zwei beispielhafte Wochen im Januar dar.

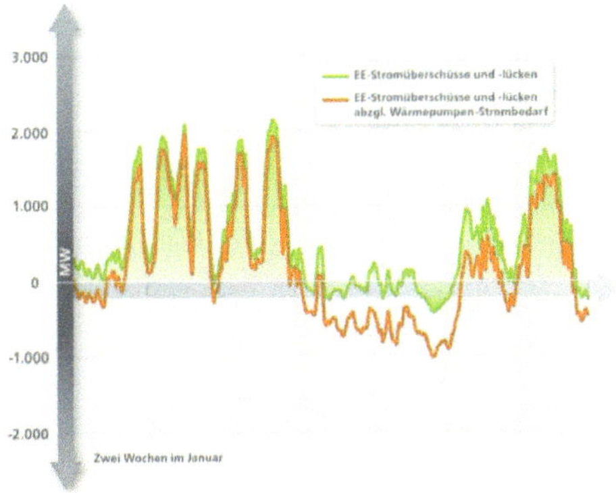

Abbildung 23: Veränderung der zeitlichen Verteilung der Stromüberschüsse bzw. –lücken bei starkem Ausbau der Wärmepumpen im WPmax-Szenario

6.3 Zusammenfassung Szenarien

Zusammenfassend kann festgestellt werden, dass bei einer Fortschreibung der aktuellen Heizungsaustauschraten und der dabei bevorzugten Technologien eine zügige Transformation zu einer überwiegend erneuerbaren Energieversorgung nicht gelingen wird, da sowohl im Business-as-usual-Szenario als auch bei beschleunigtem EE-Ausbau (Verdopplung der Austauschraten mit gleichzeitig höherem Anteil von EE-Technologien bei den neuen Energieerzeugern) die SUN-Region nur langsam den EE-Anteil erhöht. Auch wird bei einem maximalen Ausbau von Wind und Photovoltaik nicht der gesamte Strom für Wärmepumpen regenerativ erzeugt (s. Abbildung 24). Die durchaus vorhandenen Potenziale für eine vollständige Versorgung des Strom- und Wärmebedarfs werden somit bei diesen Ausbaupfaden noch nicht ausreichend genutzt.

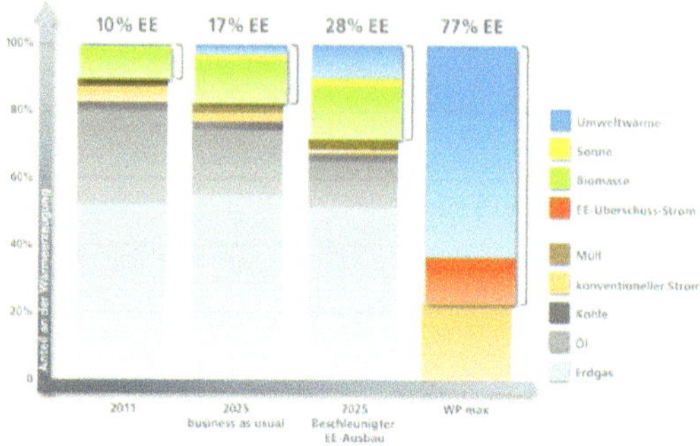

Abbildung 24: Vergleich der Ausbauszenarien

Dennoch zeigt die Studie, dass die (Flächen-)Potenziale für eine bilanziell vollständige Versorgung der Region aus dezentralen erneuerbaren Energien im Strom- und Wärmesektor vorhanden sind. Das ist umso bemerkenswerter als es sich um eine Region mit einem dicht besiedelten und industriell geprägten Oberzentrum (Kassel und unmittelbares Umland) handelt. Auch die benötigten Technologien sind grundsätzlich verfügbar. Die wesentlichen Herausforderungen sind somit einerseits die Erhöhung der Bereitschaft von Wärmeverbrauchern (insb. Immobilieneigentümern) zum Wechsel auf energieeffiziente und erneuerbare Wärmeversorgungsstrategien und andererseits eine intelligente Verknüpfung der Strom- und Wärmeversorgungstechnologien und –märkte.

7 Ausblick

Mit der vorliegenden Studie wurde die bereits in 2011/2012 erstellte Strommarktstudie (Henke, K. et al. 2012) zur Energiewende in Nordhessen wesentlich erweitert. Eine zentrale Erkenntnis ist, dass die Region das Potenzial hat, sich in beiden Teilmärkten aus sich heraus mit erneuerbaren Energien zu versorgen. Besondere Chancen, aber auch Herausforderungen liegen dabei in der technischen und ökonomischen Verknüpfung beider Teilmärkte.

Im nächsten Schritt ist geplant zusätzlich die Energieversorgung des (regionalen) Verkehrsmarktes zu untersuchen. Neben den Besonderheiten dieses Teilmarktes wird dabei auch die Verknüpfung aller drei Bereiche eine wichtige Rolle spielen.

Darüber hinaus sind gemeinsame Studien zur technischen und ökonomischen Umsetzung von konkreten Bausteinen zur regionalen Energiewende in der Modellregion Nordhessen geplant. Bereits begonnen hat ein Projekt mit dem Fokus auf Virtuelle Kraftwerke als zentrales Instrument der Energiewende sowie Vermarktungsoptionen über regionale Stromprodukte aus EE. Hierbei sollen die bereits vorhandenen EE-Anlagen der SUN-Gesellschafter einbezogen werden. Dazu gehören insbesondere eigene Biogasanlagen, Windparks, Wasserkraftwerke und Freiflächen-PV-Anlagen. Ein weiteres Projekt befasst sich mit der Versorgungsstrategie für ein neues noch nicht erschlossenes Baugebiet mit gemischter Bebauungsstruktur. Ziel ist es, ein Konzept zu entwickeln, dass bei hoher Effizienz hinsichtlich Strom- und Wärmebedarf auch weitgehend auf eine Nutzung der im Baugebiet vorhandenen Erzeugungs- und Speicherpotenziale setzt. Zudem sollen moderne multimodale Mobilitätskonzepte (ÖPNV, Car-Sharing, Leihfahrradsystem) berücksichtigt werden. Hier soll bereits die Verbindung aller drei Teilbereiche konsequent geplant und umgesetzt werden.

Neben den Erzeugungsanlagen und den Vermarktungsoptionen soll auch das Netz hinsichtlich Ausbau und Betrieb der Infrastruktur analysiert werden. Aus den bisherigen Untersuchungen zur Kopplung von Strom- und Wärmemarkt ergeben sich zudem Anforderungen an einem sinnvollen Technologiemix. Ein weiteres Thema wird die Verwendung von Energiespeichern zur optimierten Nutzung von Erzeugungsüberschüssen von Strom und Wärme sein.

Die Region Nordhessen bietet mit Ihren Netzwerken und breit aufgestellten Kompetenzen im Bereich der Forschung, Produktion und Anwendung von Erneuerbaren Energien ideale Bedingungen für entsprechende Studien und Umsetzungsprojekte.

8 Literaturverzeichnis

Adolf, J. et al. (2013): Shell BDH Hauswärme-Studie. Shell Deutschland Oil GmbH (Hamburg), BDH Bundesindustrieverband Deutschland Haus-, Energie und Umwelttechnik e. V. (Köln). Hamburg, Köln. Online verfügbar unter http://www.shell.de/aboutshell/our-strategy/shell-home-heating-study.html, zuletzt geprüft am 14.08.2013.

AGEB (2013): Anwendungsbilanzen für die Endenergiesektoren in Deutschland in den Jahren 2010 und 2011. Studie beauftragt vom Bundesministerium für Wirtschaft und Technologie. AG Energiebilanzen e. V. Berlin. Online verfügbar unter http://www.ag-energiebilanzen.de/index.php?article_id=8&clang=0, zuletzt geprüft am 12.11.2013.

BauNetz (2013): Wärmeerzeugung. BauNetz Media GmbH. Online verfügbar unter http://www.baunetzwissen.de/standardartikel/Gebaeudetechnik-Waermeerzeugung_2443079.html, zuletzt geprüft am 05.12.2013.

BDH (2012): Solarwärmemarkt im Aufwind. Pressemitteilung. Bundesindustrieverband Deutschland Haus-, Energie und Umwelttechnik. Berlin/ Köln.

BEE (2009): Wege in die moderne Energiewirtschaft. Ausbauprognose der Erneuerbare-Energien-Branche. Teil 2: Wärmeversorgung 2020. Bundesverband Erneuerbare Energie e.V. (BEE). Berlin. Online verfügbar unter http://www.bee-ev.de/Publikationen/Studien.php, zuletzt geprüft am 12.11.2013.

BMU (2013): Erneuerbare Energien in Zahlen. Nationale und internationale Entwicklung. Bundesministerium für Umwelt, Naturschutz und Reaktorsicherheit (BMU). Online verfügbar unter http://www.bmu.de/fileadmin/Daten_BMU/Pools/Broschueren/ee_in_zahlen_bf.pdf, zuletzt geprüft am 14.11.2013.

Born, R. et al. (1995): Empirische Überprüfung der Möglichkeiten und Kosten, im Gebäudebestand und bei Neubauten Energie einzusparen und die Energieeffizienz zu steigern (ABL und NBL). Deutsche Bundesstiftung Umwelt. Darmstadt. Online verfügbar unter http://www.dbu.de/OPAC/ab/DBU-Abschlussbericht-AZ-02684.pdf, zuletzt geprüft am 12.11.2013.

Born, R. et al. (2003): Energieeinsparung durch Verbesserung des Wärmeschutzes und Modernisierung der Heizungsanlage für 31 Musterhäuser der Gebäudetypologie. Endbericht. Institut Wohnen und Umwelt GmbH. Darmstadt. Online verfügbar unter http://www.iwu.de/fileadmin/user_upload/dateien/energie/klima_altbau/GebTyp_Impulsprogramm_Hessen_22_01_2003.pdf, zuletzt geprüft am 12.11.2013.

Buderus (2013): Niedertemperaturkessel. Hg. v. Bosch Thermotechnik GmbH. Online verfügbar unter http://www.buderus.de, zuletzt geprüft am 05.11.2013.

BWP (2011): BWP-Branchenstudie 2011. Szenarien und politische Handlungsempfehlungen. Daten zum Wärmepumpenmarkt bis 2010 und Prognosen bis 2030. Unter Mitarbeit von Gorris, V. et al. Bundesverband Wärmepumpe (BWP) e. V.

BWP (2013): Wärmepumpe - Funktion. Bundesverband Wärmepumpe (BWP) e. V. Online verfügbar unter http://www.waermepumpe.de/waermepumpe/funktion.html, zuletzt geprüft am 14.11.2013.

Deutscher Wetterdienst (2013): Regionalmodell COSMO-EU. Online verfügbar unter http://www.dwd.de, zuletzt geprüft am 13.11.2013.

DGS (2013): Anlagenregister und Bewegungsdaten zu EEG-Anlagen. Deutsche Gesellschaft für Sonnenenergie e.V. (DGS). Online verfügbar unter http://www.energymap.info/download.html, zuletzt geprüft am 12.11.2013.

Diefenbach, N. et al. (2010): Datenbasis Gebäudebestand. Datenerhebung zur energetischen Qualität und zu den Modernisierungstrends im deutschen Wohngebäudebestand. Institut Wohnen und Umwelt GmbH; Bremer Energie Institut. Darmstadt. Online verfügbar unter http://datenbasis.iwu.de/dl/Endbericht_Datenbasis.pdf, zuletzt geprüft am 13.11.2013.

Frey, G. et al. (2007): Elektroheizungen in Deutschland. In: *IKZ-Haustechnik* (24), S. 42–45. Online verfügbar unter http://www.ikz.de/uploads/media/IKZH_200724_1273_Heizungstechnik.pdf, zuletzt geprüft am 12.11.2013.

Friedrich, M. et al. (2007): CO2 Gebäudereport 2007. co2online gemeinnützige GmbH; Fraunhofer-Institut für Bauphysik. Berlin.

Geisler, D. (2013): persönlicher Kontakt zu Detlef Geisler vom Statistischen Bundesamt, Informationen zu bewohnten Wohnungen und Energieart der Beheizung (Tabelle 17) aus der Mikrozensus Zusatzerhebung 2010, 2013.

Henke, K. et al. (2012): Energiewende Nordhessen. Szenarien für den Umbau der Stromversorgung auf eine dezentrale und erneuerbare Erzeugungsstruktur. Fraunhofer IWES; Stadtwerke Union Nordhessen. Kassel. Online verfügbar unter http://www.grin.com/de/e-book/231248/energiewende-nordhessen, zuletzt geprüft am 02.08.2013.

Hessisches Statistisches Landesamt (2011): Wohngebäude- und Wohnungsbestand in Hessen 2000 bis 2011. Online verfügbar unter http://www.statistik-hessen.de/themenauswahl/industrie-bau-handwerk-energie/landesdaten/bautaetigkeit-und-wohnungsbestand/wohngebaeude-und-wohnungsbestand/index.html, zuletzt geprüft am 12.11.2013.

Hessisches Statistisches Landesamt (2013a): Hessische Kreiszahlen. Ausgewählte neue Daten für Landkreise und kreisfreie Städte. Band 1, 2013 58. Jahrgang. Wiesbaden. Online verfügbar unter http://www.statistik-hessen.de/publikationen/download/495/index.html, zuletzt geprüft am 12.11.2013.

Hessisches Statistisches Landesamt (2013b): Statistische Berichte: Strom- und Gasabsatz sowie Erlöse in Hessen im Jahr 2011. Kennziffer:E IV 5. Wiesbaden. Online verfügbar unter http://www.statistik-hessen.de/publikationen/download/276/index.html, zuletzt geprüft am 04.12.2013.

Hessisches Statistisches Landesamt (2013c): Statistische Berichte: Energieverbrauch im Bergbau und Verarbeitenden Gewerbe in Hessen im Jahr 2011. Kennziffer: E IV 4 j/11. Wiesbaden. Online verfügbar unter http://www.statistik-hessen.de/publikationen/download/275/index.html, zuletzt geprüft am 12.11.2013.

Jungermann, M. (2013): interne Präsentation zum Wärmemarkt Nordhessen. Kassel, 20.03.2013. unveröffentlicht.

Langniß, O. et al. (2011): Evaluierung des Marktanreizprogramms für erneuerbare Energien: Ergebnisse der Förderung für das Jahr 2010. Bundesministerium für Umwelt, Naturschutz und Reaktorsicherheit (BMU). Online verfügbar unter http://elib.dlr.de/78520/, zuletzt geprüft am 14.11.2013.

Lütkehaus, I. et al. (2013): Potenzial der Windenergie an Land. Studie zur Ermittlung des bundesweiten Flächen- und Leistungspotenzials der Windenergienutzung an Land. Umweltbundesamt.

Nitsch, J. et al. (2010): Langfristszenarien und Strategien für den Ausbau der erneuerbaren Energien in Deutschland bei Berücksichtigung der Entwicklung in Europa und global. „Leitstudie 2010". BMU. Online verfügbar unter http://www.erneuerbare-energien.de/die-themen/studien/, zuletzt geprüft am 28.10.2013.

Nitsch, J. et al. (2012): Langfristszenarien und Strategien für den Ausbau der erneuerbaren Energien in Deutschland bei Berücksichtigung der Entwicklung in Europa und global. BMU. Online verfügbar unter http://www.erneuerbare-energien.de/die-themen/studien/, zuletzt geprüft am 30.07.2013.

Paschotta, R. (2013): Heizwerk. Artikel im Online-Energielexikon. Online verfügbar unter http://www.energie-lexikon.info/heizwerk.html, zuletzt geprüft am 10.11.2013.

Platt, M. et al. (2010): Analyse des deutschen Wärmepumpenmarktes. Bestandsaufnahme und Trends. Geothermiezentrum Bochum (GZB). Online verfügbar unter http://www.geothermie-zentrum.de/international-geothermal-center/projekte/marktstudien/analyse-des-deutschen-waermepumpenmarktes.html, zuletzt geprüft am 13.11.2013.

Puchta, D. (2013): persönlicher Kontakt zu Daniel Puchta von der Städtische Werke Netz + Service GmbH. Informationen zur Kundenanzahl im Gassektor. Kassel, 2013.

Raatschen (2013): Produktübersicht. Hg. v. Raatschen GmbH & Co. Kommanditgesellschaft. Online verfügbar unter http://www.raatschen-shop.de/blockheizkraftwerk/index.htm, zuletzt geprüft am 05.11.2013.

Raussen et al. (2008): Biomassepotenzialstudie Hessen. Stand (2008) und Perspektiven der energetischen Biomassenutzung in Hessen. Witzenhausen-Institut GmbH, Pöyry Environment GmbH, im Auftrag des Hessischen Ministerium für Umwelt, Energie, Landwirtschaft und Verbraucherschutz (HMUELV). Wiesbaden. Online verfügbar unter http://www.energieland.hessen.de/mm/Kurzbericht_Biomassepotenzialstudie.pdf, zuletzt geprüft am 06.11.2013.

Rößler, R. (2013): persönlicher Kontakt zu Ralf Rößler von der Städtische Werke Energie + Wärme GmbH. Informationen zum Fernwärmenetz in Kassel. Kassel, 2013.

RP Kassel (2013): Teilregionalplan Energie Nordhessen 2013. Regierungspräsidium Kassel. Online verfügbar unter http://www.rp-kassel.hessen.de/irj/RPKS_Internet?uid=35040128-0454-6d31-79cd-aa2b417c0cf4, zuletzt geprüft am 14.11.2013.

Rumohr (2013): persönlicher Kontakt zu Dr. Sven Rumohr vom Hessischen Landesamt für Umwelt und Geologie. Informationen zu geothermisch arbeitenden Wärmepumpen. Wiesbaden, 2013.

RWE (2013): Nachtspeicherheizung. RWE Effizienz GmbH. Online verfügbar unter http://www.energiewelt.de/web/cms/de/1223654/energieberatung/heizung/nachtspeicherheizung/, zuletzt geprüft am 14.11.2013.

Schaumann, G.; Schmitz, K.-W. (2010): Kraft-Wärme-Kopplung. 4. Auflage. Berlin-Heidelberg: Springer-Verlag.

Schnauss, M. (2008): Große Solarwärmeanlagen für Gebäude. FIZ Karlsruhe GmbH. Eggenstein-Leopoldshafen (BINE Informationsdienst Themeninfo I/2008). Online verfügbar unter http://www.bine.info/publikationen/themeninfos/, zuletzt geprüft am 14.11.2013.

Seelbach, J. (2013): persönlicher Kontakt zu Jörg Seelbach vom Bundesverband des Schornsteinfegerhandwerks. Informationen zu Öl, Gas- und Kohlefeuerungsanlagen in Hessen. Sankt Augustin, 2013.

Smuck, A. (2013): persönlicher Kontakt zu Alfred Smuck vom Bundesamt für Wirtschaft und Ausfuhrkontrolle. Informationen zu nach dem Kraft-Wärme-Kopplungsgsetz zugelassenen KWK-Anlagen. Eschborn, 2013.

Solar Radiation Data (2013): Einstrahlungsdaten. Online verfügbar unter http://www.soda-is.com/eng/index.html, zuletzt geprüft am 12.11.2013.

Stadtwerke Witzenhausen (2010): Messeauftritt Witzenhäuser Woche. Mundus Marketing & Interactive GmbH. Hann. Münden. Online verfügbar unter www.mundus-online.de, zuletzt geprüft am 04.11.2013.

Stadtwerke Witzenhausen (2013): Wärme. Blockheizkraftwerke und ihre Entwicklung. Online verfügbar unter http://www.stadtwerke-witzenhausen.de/de/waerme, zuletzt geprüft am 05.11.2013.

Statistische Ämter des Bundes und der Länder (2013): Sozialversicherungspflichtig Beschäftigte: Beschäftigte am Arbeitsort nach Geschlecht, Nationalität und Wirtschaftszweigen. Online verfügbar unter https://www.regionalstatistik.de/genesis/online/logon, zuletzt geprüft am 12.11.2013.

Statistisches Bundesamt (2013a): Bevölkerungsstand auf Grundlage früherer Zählungen. Online verfügbar unter https://www.destatis.de/DE/ZahlenFakten/GesellschaftStaat/Bevoelkerung/Bevoelkerungsstand/Tabellen/GeschlechtStaatsangehoerigkeit.html, zuletzt geprüft am 04.06.2013.

Statistisches Bundesamt (2013b): Wohnungen. Online verfügbar unter https://www.destatis.de/DE/ZahlenFakten/GesellschaftStaat/EinkommenKonsumLebensbedingungen/Wohnen/Tabellen/Wohnungsbestand.html, zuletzt geprüft am 12.11.2013.

Süwag (2013): Produktbroschüre zum Thermo-8-Tarif. Süwag-Gruppe. Frankfurt am Main. Online verfügbar unter https://www.suewag.de, zuletzt geprüft am 04.12.2013.

SWM (2013): Heizwerke. Hg. v. Stadtwerke München (SWM). Online verfügbar unter http://www.swm.de/privatkunden/unternehmen/energieerzeugung/erzeugungsanlagen/heizwerke.html, zuletzt geprüft am 12.11.2013.

Umweltbundesamt (2013): CORINE-Land Cover. Online verfügbar unter http://www.umweltbundesamt.at/umwelt/raumordnung/flaechennutzung/corine/, zuletzt geprüft am 13.11.2013.

Wagner, L. (2013): persönlicher Kontakt zu Lutz Wagner vom Bundesamt für Wirtschaft Ausfuhrkontrolle. Informationen zu geförderten Solarthermie-, Wärmepumpen- und Holzheizungsanlagen. Eschborn, 2013.

Zensus (2011). Zensusdatenbank Zensus 2011 der Statistischen Ämter des Bundes und der Länder. Online verfügbar unter https://ergebnisse.zensus2011.de/#, zuletzt geprüft am 12.11.2013.

ZIV (2012): Erhebungen des Schornsteinfegerhandwerks für 2012. Hg. v. Bundesverband des Schornsteinfegerhandwerks – Zentralinnungsverband (ZIV). Online verfügbar unter http://www.schornsteinfeger.de/Erhebungen.html, zuletzt geprüft am 05.12.2013.

Zogg, M. (2009): Wärmepumpen. Zertifikatslehrgang ETH in angewandten Erdwissenschaften „Geothermie – die Energie des 21.Jahrhunderts". Oberburg. Online verfügbar unter http://www.zogg-engineering.ch/Publi/WP_ETH_Zogg.pdf, zuletzt geprüft am 13.11.2013.